高等职业教育系列教材

自动化样本制备系统维修与维护

彭旭昀　主　编

中国建筑工业出版社

图书在版编目（CIP）数据

自动化样本制备系统维修与维护/彭旭昀主编 .
北京：中国建筑工业出版社，2024.11.—(高等职业
教育系列教材).—ISBN 978-7-112-30191-1

Ⅰ．TP23

中国国家版本馆 CIP 数据核字第 2024KW2296 号

自动化样本制备系统是高通量测序样本制备的自动处理设备，搭载多通道移液器，通过自动化流程设计可对高通量测序建库流程及实验室液体处理流程采用自动化操作，实现长时间无人值守并且提升高通量测序效率。本教材以培养应用型人才为目标，采用理论与实践相结合的方式编写而成。总共 5 大章节，内容涵盖了机电理论基础、自动化样本制备系统简介、自动化样本制备系统使用安全事项、自动化样本制备系统维护与保养、自动化样本制备系统故障排查，以及附录给出了自动化样本制备实验室管理要求及常用维修工具介绍。

本教材可作为高等职业医疗器械类、机电技术类、生物医药类等相关专业的教材使用，同时也可作为科研院所、企业技术人员的参考用书。

为了便于本课程教学，作者自制免费课件资源，索取方式为：1. 邮箱：jckj@cabp.com.cn；2. 电话：(010) 58337285。

责任编辑：司　汉
责任校对：赵　力

高等职业教育系列教材

自动化样本制备系统维修与维护

彭旭昀　主　编

＊

中国建筑工业出版社出版、发行（北京海淀三里河路 9 号）
各地新华书店、建筑书店经销
北京龙达新润科技有限公司制版
建工社（河北）印刷有限公司印刷

＊

开本：787 毫米×1092 毫米　1/16　印张 7¼　字数：175 千字
2024 年 10 月第一版　　2024 年 10 月第一次印刷
定价：**32.00** 元（赠教师课件）

ISBN 978-7-112-30191-1

(43600)

丛书编委会

主　任　罗德超　邓元龙

副主任　籍东晓　彭旭昀　文　平　崔晓钢　王金平
　　　　金浩宇　李晓欧　熊　伟

委　员　王伟东　周　炫　赵四化　陈苏良　李跃华
　　　　何善印　王鸢翔　崔奉良　李晓旺　刘虔铖
　　　　徐彬锋　李卫华　张金球　曹金玉　丁晓聪
　　　　曹园园　肖丽军　韩　宇　邰警锋　范　爽
　　　　肖　波　郭静玉

本书编委会

主　编　彭旭昀

副主编　王鸢翔

参　编　李晓旺　曹园园　徐彬锋　李卫华　张金球
　　　　崔晓钢

主　审　熊　伟

前　言

　　自动化样本制备系统是一种用于高通量测序实验室使用的样本处理设备，能够自动完成样本的处理、分装、混匀等工作，提高了实验室的工作效率和准确性，实验室可以根据需求选择使用不同类型的系统。自动化样本制备系统能够实现全程自动化操作，适用于大规模的样本处理，省去人工实验的繁琐操作，降低总成本，全面提升实验室整体工作效率。本教材以华大智造自主研发的 MGISP-100 自动化样本制备系统为具体实例，重点介绍了自动化样本制备系统相关的机电理论基础、自动化样本制备系统简介、自动化样本制备系统使用安全事项、自动化样本制备系统维护与保养、自动化样本制备系统故障排查，附录给出了自动化样本制备实验室管理要求及常用维修工具介绍。

　　本教材课题来源于深圳技师学院与深圳华大智造科技股份有限公司校企联合完成的"广东省产业就业培训基地（深圳·生物医药与健康产业基地）"项目。深圳技师学院、深圳华大智造科技股份有限公司、广东食品药品职业学院共同参与了本教材的编写。

　　本教材由深圳技师学院彭旭昀担任主编，王鸾翔担任副主编，深圳华大智造科技股份有限公司熊伟担任主审。彭旭昀、张金球编写了第一章，王鸾翔、曹园园、徐彬锋编写了第二、三章，李晓旺、李卫华、崔晓钢编写了第四、五章，全书由彭旭昀统稿。

　　本教材在编写过程中参考和借鉴了深圳华大智造科技股份有限公司大量资料和国内外相关书籍，在此向各位作者表示感谢。

　　由于编者水平有限，书中难免存在疏漏之处，敬请广大读者批评指正。

目　录

第一章
机电理论基础

教学目标

1. 了解自动控制理论及传感器基础知识。
2. 了解伺服电机和步进电机，并熟知两者的区别。
3. 了解机械臂及其应用。

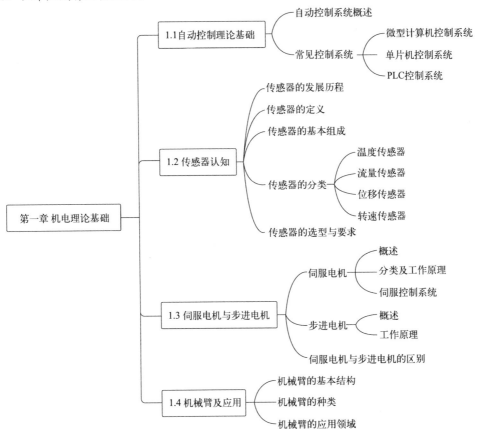

1.1 自动控制理论基础

控制就是为了达到某种目的，对事物进行主动的干预。在工程领域，控制是指利用控制装置（如电气装置、机械装置或计算机系统等）使生产过程或被控对象的某些物理量（如温度、速度、压力、位移等）按照特定的规律运行。

控制可以分为人工控制和自动控制，两者的控制过程是相同的，均由测量、比较、调整三个环节组成。自动控制是指在没有人直接参与的情况下，利用控制装置，使被控对象中的某些物理量自动地按照预定的规律运行。自动控制理论及实践是人类在认识世界和改造世界的过程中产生的，并随着社会的发展和科学技术的进步不断发展。自动控制理论是自动控制技术的基础理论，研究的对象是自动控制系统，研究的核心问题是系统在控制过程中的性能。

控制论的发展经历了 3 个阶段：

第一阶段是 20 世纪 40 年代到 50 年代的经典控制论时期，主要研究单机自动化，解决单输入单输出系统的控制问题；

第二阶段是 20 世纪 60 年代的现代控制理论时期，主要研究机组自动化和生物系统的多输入多输出系统的控制问题；

第三阶段是 20 世纪 70 年代的大系统理论时期，主要解决生物系统、社会系统等大系统的综合性自动化问题，其核心控制装置为网络化的电子计算机。

1.1.1 自动控制系统概述

自动控制系统是指能够对被控对象的工作状态进行自动控制的系统，是为实现某一控制目标所需要的所有物理部件的有效组合体，如速度控制系统、压力控制系统、温度控制系统等。

自动控制有两种基本的控制方式：开环控制和闭环控制。与上述两种控制方式对应的系统则分别称为开环控制系统和闭环控制系统。

1.1.1.1 开环控制系统

开环控制系统是指系统的输出端与输入端不存在反馈关系，系统的输出量对控制作用不发生影响的系统。这类系统既不需要对输出量进行测量，也不需要将输出量反馈到输入端与输入量进行比较。控制装置与被控对象之间只有顺向作用，没有反向反馈。控制作用的传递链条不是完全闭合的。开环控制系统的基本结构如图 1-1 所示。

图 1-1 开环控制系统的基本结构

开环控制系统的结构和控制过程比较简单，成本低，但抗干扰能力差，没有自我调节能力，因此开环控制系统适用于结构参数稳定，干扰较弱或对被控量要求不高的场合，如自动洗衣机等。

1.1.1.2 闭环控制系统

闭环控制系统也称反馈控制系统。这类系统的控制装置与被控对象之间不仅有顺向作用，且输出端与输入端之间存在反馈调节关系，因此输出量的大小对控制作用有着直接的影响。从系统的信号流向来看，系统的输出信号沿反馈通道又回到系统的输入端，构成了闭合通道。闭环控制系统的基本结构如图1-2所示。

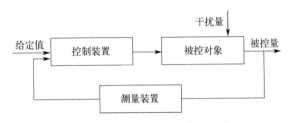

图 1-2 闭环控制系统的基本结构

闭环控制系统需要对被控制信号不断地进行测量、变换，并反馈到系统的控制端与参考输入信号进行比较，产生偏差信号，实现按偏差控制。闭环控制系统的突出优点就是利用偏差来纠正偏差，使系统达到较高的控制精度。但闭环控制系统的结构相对比较复杂，调试相对比较困难。

1.1.2 常见控制系统

1.1.2.1 微型计算机控制系统

微型计算机控制系统就是以微型计算机为控制工具来实现生产过程自动控制的系统。通过编程和指令的运用，微型计算机能够按照预定的控制规律对生产过程进行精确控制。微型计算机控制系统是将图1-2中的控制装置用微型计算机代替。微型计算机控制系统基本框架图如图1-3所示。

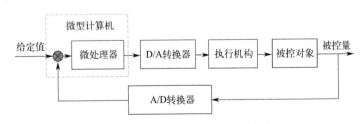

图 1-3 微型计算机控制系统基本框架图

微型计算机控制系统可以分按自动控制方式、参与控制方式和调节规律进行分类。

1. 以自动控制方式分类

以自动控制方式可分为：

（1）计算机开环控制系统

若计算机开环控制系统的输出信号直接作用于生产过程，但生产过程的状态并不反馈给计算机以影响控制，计算机、控制器、生产过程等环节没有构成闭合环路，则称之为计算机开环控制系统。

（2）计算机闭环控制系统

若计算机对生产对象或过程进行控制时，生产过程状态能直接影响计算机控制的系统，则该类系统称为计算机闭环控制系统。控制计算机在操作人员监视下，自动接收生产过程状态检测结果，计算并确定控制方案，直接指挥控制部件（器）的动作，行使控制生产过程的作用。在计算机闭环控制系统中，控制部件按照控制计算机发来的控制信息对运行设备进行控制，运行设备的运行状态作为输出信号，由检测部件测出后，作为输入反馈给控制计算机，从而使控制计算机、控制部件、生产过程、检测部件构成一个闭合回路，这种控制形式称为计算机闭环控制。计算机闭环控制系统利用数学模型设置生产过程最佳值与检测结果反馈值之间的偏差，控制生产过程运行在最佳状态。

（3）计算机在线控制系统

计算机对受控对象或受控生产过程能够直接控制，且不需要人工干预的系统，都称为计算机在线控制（或称联机控制）系统。

（4）计算机离线控制系统

控制计算机没有直接参与控制对象或受控生产过程，它只完成受控对象或受控过程的状态检测，并对检测的数据进行处理，而后制定出控制方案，输出控制指示，操作人员参考控制指示，人工手动操作使控制部件对受控对象或受控过程进行控制。这种控制系统称为计算机离线控制系统。

（5）计算机实时控制系统

计算机实时控制系统是指计算机对接收到的数据和信息能及时处理，并把运算或判断结果迅速作用于被控制对象的系统。

2. 以参与控制方式分类

按控制计算机参与控制方式来分类，可分为如下几种：

（1）操作指导控制系统

控制系统中的计算机将来自被控对象的信息处理后，只向操作人员提供指导信息，随后由人工去影响被控对象，该类系统被称为典型的操作指导控制系统。

（2）直接数字控制系统

直接数字控制系统（Direct Digital Control），简称为 DDC 系统，是用一台计算机对多个被控参数进行巡回检测，检测结果与设定值进行比较，再按 PID 控制规律或者直接数字控制方法进行控制运算。在这类系统中，计算机通过输入通道采集到数据后，按预定的控制规律进行计算，计算出控制量，通过输入输出通道输出到执行机构对生产过程进行控制。直接数字控制系统中，由计算机直接承担控制任务，因此该系统实时性好，可靠性高，是工业生产过程中应用最普遍的一种方式。

（3）计算机监督系统

计算机监督系统（Supervisory Computer Control），简称 SCC 系统。在 DDC 系统中，是用计算机代替模拟调节器进行控制，而在 SCC 系统中，则是由计算机按照描述生产过程的数字模型，计算出最佳给定值送给模拟调节器或者 DDC 计算机，最后由模拟调节器或 DDC 计算机控制生产过程，从而使生产过程处于最优工作状态。

（4）分级计算机控制系统

随着生产的发展，生产规模越来越大，信息来源越来越多，除了完成过程控制的任务外，还能完成生产调度、生产计划、材料消耗、成本核算等管理任务。用一台计算机进行过程控制和生产管理并不够，故而需要有一个庞大的分级计算机控制系统进行控制和管理。

3. 按调节规律分类

按调节规律分类，计算机自动控制系统可分为如下几种：

（1）程序控制

计算机控制系统是按照预先规定的时间函数进行控制，计算机根据程序指令依次执行控制任务，称为程序控制。

（2）顺序控制

在程序控制的基础上产生了顺序控制。如果计算机能根据时间推移所确定的对应值和此刻以前的控制结果两方面情形对生产过程进行控制，则称为顺序控制。

（3）自适应控制系统

当工作条件或限定条件改变时，计算机仍能使控制系统对受控对象的控制处于最佳状态，这样的控制系统称为自适应控制系统。

1.1.2.2 单片机控制系统

单片微型计算机简称单片机，是在工业控制和智能化系统中应用最多的模式。单片机系统可以根据使用需求来进行定制化设计，具有方便、灵活、成本低等优点，在各个领域都得到了广泛的应用。由单片机构成的计算机控制系统，包括被控对象和单片机系统，通过单片机的实时数据采集、决策和控制，使被控对象完成预定的任务。单片机控制系统是在工业控制和智能化系统中应用得最多的。典型的单片机控制系统如图1-4所示。

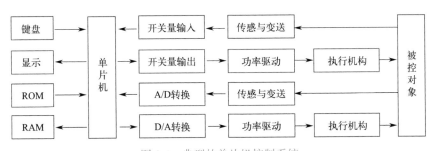

图1-4 典型的单片机控制系统

1.1.2.3 PLC控制系统

可编程逻辑控制器（Programmable Logic Controller），简称为PLC，是在电器控制技术和计算机技术的基础上开发出来的，并逐步发展成以微处理器为核心，将自动化技术、计算机技术、通信技术融为一体的新型工业控制装置，现称可编程控制器（PLC控制系统）。可编程控制器是一种数字运算操作的电子系统，专为在工业环境下的应用而设计。它采用可编程序的存储器，用来在其内部存储执行逻辑运算、顺序控制、定时、计数和算术运算等操作的指令，并通过数字式和模拟式的输入和输出，控制各种类型的机械或生产过程。PLC控制系统具有编程简单、使用方便、可靠性高、抗干扰能力强、通用性强、适应面广、实时响应迅速、易于扩展等特点。

从结构上分，PLC控制系统可分为固定式和模块式两种。固定式的PLC组成框图如图1-5所示，包括CPU板（负责执行指令和运算）、I/O扩展接口（负责与外部设备进行输入输出通信）、显示面板（用于显示PLC的状态和参数）、存储器（用于存储程序和数据）、电源（为整个系统提供稳定的电力供应）等部件，所有部件组成一个不可拆卸的整体，装在同一机壳内，例如西门子S7-1200、三菱电机FX系列等。

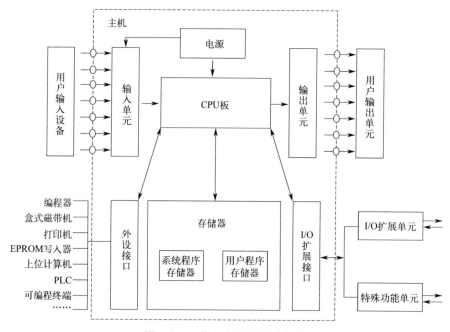

图1-5 固定式的 PLC 组成框图

模块式的 PLC 组成框图如图 1-6 所示，具体包括 CPU 模块、智能 I/O 模块、内存、电源模块、底板或机架等部件，各个部件独立封装成模块，然后通过总线连接，安装在机架或者导轨上，例如西门子 S7-1500、三菱电机 Q 系列等。

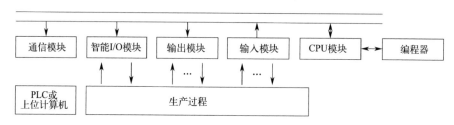

图1-6 模块式的 PLC 组成框图

1.2 传感器认知

1.2.1 传感器的发展历程

传感技术大体可分三代。第一代是结构型传感器。它利用结构参量变化来感受和转化信号。例如，电阻应变式传感器，它是利用金属材料发生弹性形变时电阻的变化来转化电信号的。

第二代传感器是 20 世纪 70 年代开始发展起来的固体传感器。这种传感器由半导体、电介质、磁性材料等固体元件构成，是利用材料某些特性制成的。例如，利用热电效应、霍尔效应、光敏效应，分别制成热电偶传感器、霍尔传感器、光敏传感器等。

20 世纪 70 年代后期，随着集成技术、分子合成技术、微电子技术及计算机技术的发展，出现集成传感器。集成传感器包括两种类型：传感器本身的集成化和传感器与后续电路的集成化。例如，电荷耦合器件（CCD），集成温度传感器 AD590，集成霍尔传感器 UGN3501等。这类传感器主要具有成本低、可靠性高、性能好、接口灵活等特点。集成传感器发展非常迅速，现已占传感器市场的 2/3 左右，它正向着低价格、多功能和系列化方向发展。

第三代传感器是 20 世纪 80 年代刚刚发展起来的智能传感器。所谓智能传感器是指其对外界信息具有一定检测、自诊断、数据处理以及自适应能力，是微型计算机技术与检测技术相结合的产物。在 20 世纪 80 年代，智能化测量主要以微处理器为核心，把传感器信号调节电路、微计算机、存储器及接口集成到一块芯片上，使传感器具有一定的人工智能。在 20 世纪 90 年代，智能化测量技术有了进一步的提高，在传感器一级水平实现智能化，使其具有自诊断功能、记忆功能、多参量测量功能以及联网通信功能等。

1.2.2 传感器的定义

传感器的概念来自"感觉（Sensor）"一词，人们为了研究自然现象，仅仅依靠人的五官获取外界信息是远远不够的，于是发明了能代替或补充人五官功能的传感器，工程上也将传感器称为"变换器"。根据《传感器通用术语》GB/T 7665—2005，传感器（Transducer/Sensor）的定义是：能感受规定的被测量并按照一定的规律转换成可用输出信号的器件或装置。传感器是一种以一定的精确度把被测量转换为与之有确定对应关系的、便于应用的某种物理量的测量装置。传感器转换关系结构图如图 1-7 所示。其包含以下几个方面的意思：

1. 从传感器的输入端来看：一个指定的传感器只能感受规定的被测量，即传感器对规定的物理量具有最大的灵敏度和最好的选择性。例如，温度传感器只能用于测温，而不希望它同时还受其他物理量的影响。

2. 从传感器的输出端来看：传感器的输出信号为"可用信号"。这里所谓的"可用信号"是指便于处理、传输的信号，最常见的是电信号、光信号。可以预料，未来的"可用信号"或许是更先进更实用的其他信号形式。

3. 从输入与输出的关系来看：它们之间的关系具有"一定规律"，即传感器的输入与输出不仅是相关的，而且可以用确定的数学模型来描述，也就是具有确定规律的静态特性和动态特性。

由于电信号易于传输和处理，传感器转化后的信号大多为电信号，因而狭义上将外界输入的非电信号转为电信号的装置都称为传感器。

1.2.3 传感器的基本组成

传感器的基本功能是检测信号和信号转换。传感器总是处于测试系统的最前端，用来获取检测信息，其性能将直接影响整个测试系统，对测量精确度起着决定性作用。传感器

图 1-7　传感器转换关系结构图

按其定义一般由敏感元件、转换元件、信号调节转换电路三部分组成，有时还需外加辅助电源提供转换能量，如图 1-8 所示。

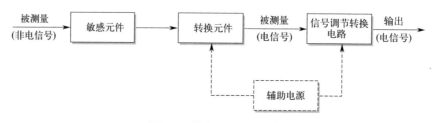

图 1-8　传感器组成结构体

　　敏感元件（Sensitive Element）是直接感受被测量（一般为非电信号），并输出与被测量成确定关系的某一物理量的元件，如应变压力传感器中的弹性膜片。转换元件（Transduction Element）是将敏感元件的输出作为输入，把输入转换成电压、电流、电阻、电感、电容等电参量，如应变压力传感器（图 1-9）。转换电路（Transduction Circuit）是将转换元件输出的电参量作为输入信号接入转换电路，将电参量转化成易于进一步传输和处理的形式。实际上，有些传感器很简单，仅由一个敏感元件（兼作转换元件）组成，它感受被测量时直接输出电量，如热电偶。还有些新型的传感器将敏感元件、变换元件及信号调理电路集成为一个器件。

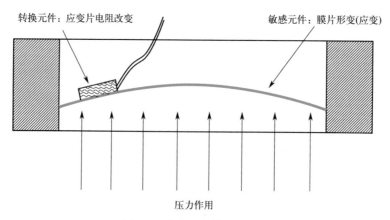

图 1-9　应变压力传感器示例

1.2.4　传感器的分类

　　传感器的用途广泛，品种多样。同一个被测参量，可采用多种传感器进行测量。同一种传感器也可能被用于多种不同类型被测参量的检测。目前，市场上的传感器种类繁多，分类方法多样。按照被测物理量，传感器可分为：温度传感器、湿度传感器、压力传感器、流量传感器、位移传感器、液位传感器、力传感器、加速度传感器、转速传感器等；按照工作原理分类，传感器可分为：电学式传感器、磁学式传感器、光电式传感器、电势型传感器、电荷传感器、半导体传感器、谐振式传感器、电化学式传感器等；根据测量目的的不同，又可分为：物理型传感器、化学型传感器和生物型传感器。其中物理型传感器是利用被测量物质的某些物理性质发生明显变化的特性制成的；化学型传感器是利用能把化学物质的成分、浓度等化学量转化成电学量的敏感元件制成的；生物型传感器是利用各种生物或生物物质的特性制成的，用以检测与识别生物体内化学成分的传感器。

1.2.4.1　温度传感器

温度是一个基本的物理量，自然界的一切过程与温度密切相关。温度传感器是通过被感知对象温度的变化而相应改变某种特性或参量的敏感元件。温度传感器随被测温度的变化而引起变化的物理参数有膨胀、电阻、电容、磁性能、频率、光学特性等。温度传感器是最早开发，应用最广的一类传感器，被广泛应用于工农业生产、科学研究和生活等领域。

按温度传感器与被测介质的接触方式不同，温度传感器可分为接触式温度传感器和非接触式温度传感器。电阻式、热电偶、PN结温度传感器等均属于接触式温度传感器；红外测温传感器等则属于非接触式温度传感器，它通过被测介质的热辐射或热对流达到测温的目的。

工业生产及科学研究中要求的测温范围极广，且对测温的精度要求各不相同，实际工作中应根据测温的具体要求（如测温范围、精度等）合理选择合适的温度传感器。

1.2.4.2　流量传感器

在自动化控制系统的被测参数中，除了温度外，另一个重要的被测参数就是流量。流量传感器是测量单位时间内流经管道某截面的流体体积或质量的传感器。流量传感器的种类很多，按照测量原理主要分为差压式、流体阻力式、流体振动式、测速式以及质量式等。

1.2.4.3　位移传感器

当被测量有位移、形变、长度、距离、位置、尺寸、厚度及深度等几个物理量的变化时，常用位移传感器来测量。位移传感器在临床和医学研究中应用最为广泛，例如，测量血管的直径变化和血压间的关系，从而来算出血管阻力和血管壁的弹性。

1.2.4.4　转速传感器

转速传感器是测量转速的转换元件，它输出的电信号与转速成正比，是伺服系统中的基本元件之一，被广泛应用于各种速度及位置的测量中。常用的转速传感器为光电式、霍尔式及电涡流式。

1.2.5　传感器的选型与要求

1.2.5.1　测量对象与测量环境

要进行一个具体的测量工作，首先要考虑采用何种原理的传感器，这需要分析多方面的因素之后才能确定。因为，即使是测量同一物理量，也有多种原理的传感器可供选用，哪一种原理的传感器更为合适，则需要根据被测量的特点和传感器的使用条件来考虑，具体问题包括：量程的大小；被测位置对传感器体积的要求；测量方式为接触式还是非接触式；信号的引出方法为有线还是无线；传感器的来源是国产还是进口，其价格能否承受，或能否自行研制。

1.2.5.2　灵敏度选择

通常在传感器的线性范围内，希望传感器的灵敏度越高越好。因为只有灵敏度高时，与被测量变化对应的输出信号的值才比较大，更有利于信号处理。但要注意的是，传感器的灵敏度越高，与被测量无关的外界噪声也越容易混入并被系统放大，影响测量精度。因此，要求传感器本身应具有较高的信噪比。传感器的灵敏度是有方向性的。如果被测量是单向量，且对其方向性要求较高时，则应选择其他方向灵敏度小的传感器；如果被测量是多维向量，则要求传感器的交叉灵敏度越小越好。

1.2.5.3　频率响应特性

传感器的频率响应特性决定了被测量的频率范围，必须在允许频率范围内保持不失真的测量条件。实际上传感器的响应总有一定延迟，希望延迟时间越短越好。

传感器的频率响应高，可测的信号频率范围就宽，而由于受到结构特性的影响，机械系统的惯性较大，因此频率低的传感器可测信号的频率较低。在动态测量中，应根据信号的特点（如稳态、瞬态、随机等）选择响应特性合适的传感器，以免产生过大的误差。

1.2.5.4　线性范围

传感器的线性范围是指输出与输入成正比的范围。从理论上讲，在此范围内，灵敏度保持定值。传感器的线性范围越宽，则其量程越大，并且能保证一定的测量精度。在选择传感器时，当传感器的种类确定以后，首先要看其量程是否满足要求。但实际上，任何传感器都不能保证绝对的线性，其线性度也是相对的。当所要求测量精度比较低时，在一定的范围内，可将非线性误差较小的传感器近似看作线性的，这会给测量带来极大的方便。

1.3　伺服电机与步进电机

电机是一种与电能密切相关的能量转换装置，可以实现电能与机械能之间的转换。把机械能转换成电能的称之为发电机。反之，把电能转换成机械能的称之为电动机。根据不同的分类方式，电机可以分为直流电机、交流电机、异步电机、同步电机等。在控制应用领域，根据控制方式的不同，电机也可以分为伺服电机和步进电机。本节主要介绍伺服电机和步进电机的相关知识。

1.3.1　伺服电机

1.3.1.1　伺服电机概述

伺服电机，又称执行电动机或控制电动机，主要用于精确控制运动。在自动化控制系统中，伺服电机作为执行元件，其作用是把信号（控制电压或相位）变换成机械位移，也就是把接收到的电信号变为电机的一定转速或角位移。伺服电机能够确保机械系统在操作过程中达到高效率、高性能和高精度的要求。伺服电机通常应用于需要精确位置、速度和加速度控制的系统中，例如机器人、自动化设备、数控机床等。伺服电机的选择和应用需要根据具体的工作条件和性能要求进行，包括但不限于最大扭矩、速度范围、精度、反应时间等因素。正确选择和使用伺服电机，可以大大提高机械系统的性能和效率。伺服电机及组成如图 1-10 所示。

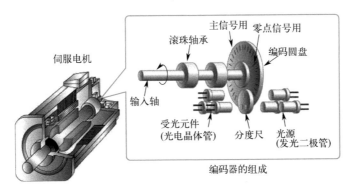

图 1-10　伺服电机及组成

1.3.1.2　伺服电机的分类及工作原理

伺服电机根据其工作原理可以分为直流伺服电机和交流伺服电机两大类。直流伺服电机因其控制简单、响应速度快、成本较低等优点，在小功率场合被广泛应用。交流伺服电机则因其维护简单、适用功率范围广、效率高和运行可靠性好等优点，在中大功率应用场合更受欢迎。

1. 直流伺服电机及工作原理

直流伺服电机是直流电信号控制的伺服电机，其转子的机械运动受输入电信号控制作快速反应。在自动化控制系统中，直流伺服电机多作为执行元件，应用相当广泛。

直流伺服电机由定子、转子（电枢）、换向器和机壳组成。定子的作用是产生磁场，它分为永久磁铁或铁芯、线圈绕组组成的电磁铁两种形式。转子由铁芯、线圈组成，用于产生电磁转矩。换向器由整流子、电刷组成，用于改变电枢线圈的电流方向，保证电枢在磁场作用下连续旋转。电机通电时，定子产生的磁场驱动转子旋转，通过控制转子绕组电流的方向和大小来控制伺服电机的方向和速度。

直流伺服电机的工作原理建立在电磁力定律基础之上，与电磁转矩相关的是互相独立的两个变量：主磁通与电枢电流。它们分别控制励磁电流与电枢电流，可方便地进行转矩与转速控制。从控制角度看，直流伺服的控制是一个单输入单输出的单变量控制系统，因此，直流伺服系统控制简单，调速性能好。但直流伺服电机使用电刷和换向器，其成本较高、故障多、寿命低及维护比较麻烦。此外，机械换向器的换向能力限制了电动机的容量和速度。电动机的电枢在转子上，使得电动机的效率较低，散热差。

直流伺服电机的品种很多，分类方式多样。按照激磁方式，可分为电磁式和永磁式；按照控制方式，可分为磁场控制式和电枢控制式；按照结构不同，又可以分为一般电枢式、无槽电枢式、印刷电枢式等。常用的直流伺服电机有：永磁直流伺服电机、无槽电枢直流伺服电机、空心杯电枢直流伺服电机和印刷绕组直流伺服电机。

2. 交流伺服电机及工作原理

近年来，交流调速技术有了飞速的发展，它不仅克服了直流伺服电机结构上存在机械整流子、电刷维护困难、造价高、寿命短等缺点，同时又发挥了交流伺服电机坚固耐用、经济可靠及动态响应性好等优点。因此，交流伺服系统有取代直流伺服系统的优势。

交流伺服电机一般是两相交流电机，由转子和定子两部分组成。交流伺服电机的转子有笼形和杯形两种。两种转子的电阻都较大，目的是使转子在转动时产生制动转矩，使它在控制绕组不加电压时，能及时制动，防止自转。交流伺服电机的定子为两相绕组，并在空间相差90°电角度。两个定子绕组结构完全相同，使用时一个绕组做励磁用，另一个绕组做控制用。

1.3.1.3 伺服控制系统

伺服电机系统一般包括伺服电机、伺服电机驱动器和反馈装置三大部分（图 1-11）。反馈装置，通常是编码器或者解析器，能够提供电机当前位置的精确信息，帮助系统调整运动状态，以达到控制目标。

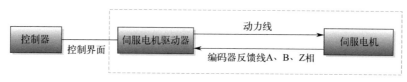

图 1-11　伺服电机系统结构示意图

1. 伺服电机驱动器

伺服电机驱动器是用来控制伺服电机的装置，其作用类似变频器作用于普通交流马达，属于伺服系统的一部分。为了实现伺服电机的精准控制，伺服电机驱动器一般采用电流、速度和位置三环控制，即实现电流环、速度环和位置环的闭环控制。电压映射电流变化，电流映射转矩大小，转矩大小映射转速的变化，转速同时又映射了位置的变化。三环控制是考虑电气与物理融合，以达到非常精准、可靠的控制。伺服电机驱动器三环控制框图如图 1-12 所示。

2. 电流环

电流环完全在伺服电机驱动器内部进行，通过霍尔装置检测驱动器给电机的输出电流，负反馈给电流的设定进行 PID 调节，从而使输出电流尽量接近或等于设定电流。电流环就是控制电机转矩的，所以在转矩模式下，驱动器的运算最小，动态响应最快。速度环，通过检测伺服电机编码器的信号来进行负反馈 PID 调节，它的环内 PID 输出直接就是电流环的设定，所以速度环控制时就包含了速度环和电流环。换句话说，任何形式都必须使用电流环，电流环是控制的根本。在速度和位置控制的同时，系统实际也在进行电流

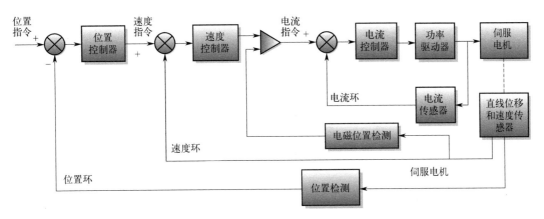

图 1-12　伺服电机驱动器三环控制框图

（转矩）的控制，以达到对速度和位置的相应控制。最外环为位置环，可以在驱动器和伺服电机编码器间构建，也可以在外部控制器和电机编码器或最终负载间构建，要根据实际情况来定。

3. 伺服电机编码器

伺服电机编码器是安装在伺服电机上用来测量磁极位置和伺服电机转角及转速的一种传感器。电机与编码器为同步旋转，电机转一圈则编码器也转一圈，转动的同时将编码信号送回驱动器，驱动器根据编码信号判断伺服电机转向、转速及位置是否正确，据此调整驱动器输出电源频率及电流大小。从物理介质的不同来分，伺服电机编码器可以分为光电编码器和磁电编码器，另外旋转变压器也算一种特殊的伺服编码器。市场上使用的基本上是光电编码器，不过磁电编码器作为后起之秀，有可靠、价格便宜、抗污染等特点，有赶超光电编码器的趋势。

伺服电机编码器的基本功能与普通编码器是一样的，例如绝对型信号有 A、A 反、B、B 反、Z、Z 反等。除此之外，伺服电机编码器还有着跟普通编码器不同的地方，那就是伺服电机多数为同步电机。同步电机启动的时候需要知道转子的磁极位置，这样才能够大力矩启动伺服电机。因此，伺服电机编码器需要额外配几路信号来检测转子的当前位置，比如增量型的 UVW 等信号。

4. 交流同步电机

所谓交流同步电机，即转子旋转速度与旋转磁场速度同步的电机，如图 1-13 所示。交流同步电机电枢绕组配置在定子上，转子磁极可使用直流电源激磁或使用永久磁铁。一般交流同步电机无法自行启动，必须增加启动器或变频器来加速启动。如果直接加 60Hz 的电源于电机上，会因旋转磁场的速度太快，使得电机转子惯性太大，导致其无法自行启动旋转。交流同步电机虽然以同步速度旋转，但事实上并非每一瞬间的转速都固定，因为转子转矩是转子磁场及定子磁场相互作用产生的。当负载大小突然变化时，就会导致转子与定子间的角度发生变化，这种现象称为跟踪。如果负载加得太大，转子磁场与定子磁场间的角度差也会变大，转子甚至会发生失步而停止旋转。由于交流同步电机与感应电机不同，不需要转子感应定子磁场产生激磁电流，因此不产生转差，也无法自行启动。所以，交流同步电机不是同步旋转就是失步停转。

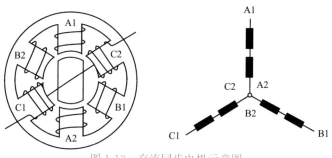

图 1-13 交流同步电机示意图

1.3.2 步进电机

1.3.2.1 步进电机概述

步进电机最早出现在 20 世纪 20 年代，它是一种将电脉冲转化为角位移的执行机构。当步进驱动器接收到一个脉冲信号，它就会驱动步进电机按设定的方向转动一个固定的角度，它的旋转是以固定的角度一步一步运行的。在一些精密控制系统中对位移精度的要求较高，例如精密仪器定位、数控加工等场合，因此要求步进电机的步距角必须很小，才能实现高精度的位移和调整。为了满足精密位置控制，步进电机常常采用细分驱动方式。步进电机的细分驱动可以明显地将电机的振动和噪声降低到设备允许的范围内，并且其步距角大小不仅由电机转子的齿数和电机相数决定，还与电机驱动的细分数有关，步距角不仅可以很小，而且是可变的。因此，步进电机的细分驱动技术是步进电机控制技术的一个里程碑，它将步进电机的应用提高到了一个新的水平。通过细分的方式，现代的步进电机可以实现每圈几万个脉冲以上的控制精度。

1.3.2.2 步进电机的工作原理

步进电机和普通电机的区别主要就在于其脉冲驱动的形式，正是这个特点，使步进电机可以与现代的数字控制技术相结合，具有速度和位置控制简单的优点。但步进电机在控制精度、速度变化范围、低速性能方面都不如传统闭环控制的直流伺服电机，所以主要应用在精度要求不是特别高的场合。步进电机是将电脉冲信号转变成角位移或线位移的开环控制电机，即当步进驱动每接收到一个脉冲信号，它就转动一个固定的角度，脉冲给得越快，转得越快，脉冲给得越多，转得越多。

步进电机从其结构上可分为三大类：反应式步进电机（VR）、永磁式步进电机（PM）和混合式步进电机（HB）。不管是哪一种电机，都可以等效成图 1-14 的结构，定子可以等效成 A、B、C 和 D 四个线围绕组，转子可以等效成一对南北极（S/N）的磁铁。定子的按线方式一般如图 1-15 所示，A2 和 C2、B2 和 D2 分别连在一起，所以有 A1、A2/C2、C1、B1、B2/D2 和 D1 6 根输出线。因为在电气连接上有 A/C、B/D 两组互不接触的线圈绕组，所以又称作两相式步进电机，后面所提到的步进电机都是指向两相式步进电机。工作时，只要给 A、B、C 和 D 四个线圈通上合适的电流，转子就会在磁力的吸引下转动。根据通电方式，步进电机的驱动分为单极性驱动和双极性驱动两大类。单极性驱动的电路简单，但转矩小，双极性驱动的转矩大，但电路复杂。

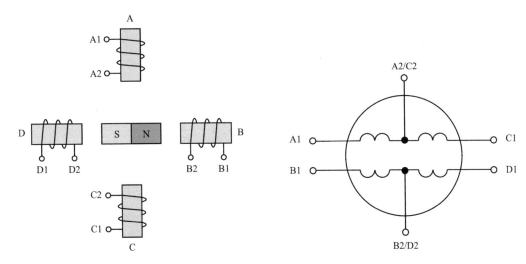

图 1-14 步进电机的等效结构图   图 1-15 两相式步进电机的引线图

1. 步进电机的单极性驱动

单极性驱动分为整步驱动和半步驱动两大类。

单极性整步驱动的工作原理图如图 1-16 所示。首先如图 1-16（a）所示，给 A 线圈通上从 A2 到 A1 的电流，A 线圈产生上南（S）下北（N）的磁极，转子的南极（S）被吸引到 A 线圈的下方；接着如图 1-16（b）所示，给 B 线圈边上从 B2 到 B1 的电流，转子的南极被吸引到 B 线圈的左边；然后如图 1-16（c）所示，给 C 线圈通上从 C2 到 C1 的电流，转子的南极被吸引到 C 线圈的上方；最后如图 1-16（d）所示，给 D 线圈通上从 D2 到 D1 的电流，转子的南极被吸引到 D 线圈的右方。这样在 A→B→C→D 的通电顺序下，转子将分 4 步顺时针旋转；如果将通电顺序改成 D→C→B→A，则转子将逆时针旋转。在这个过程中，每个线圈的电流方向固定从"2"到"1"，例如从 A2 到 A1，所以称作单极性驱动；转子从一个线圈一步到位地转到另一个线圈，每一步转过的角度是 90°，所以称作整步驱动；在任意时刻，只给一个线圈通电，其他三个线圈都没有被通电，则单极性整步驱动比后面介绍的观极性整步驱动的转矩要小。

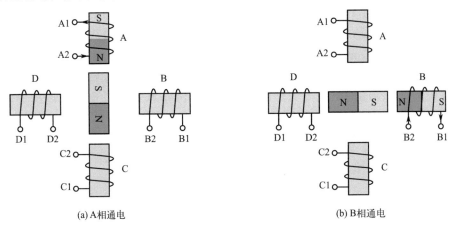

(a) A相通电   (b) B相通电

图 1-16 单极性整步驱动的工作原理图（一）

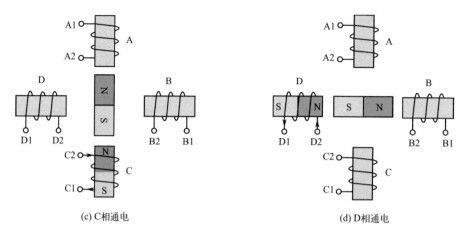

(c) C相通电　　　　　　　　　　　(d) D相通电

图 1-16　单极性整步驱动的工作原理图（二）

单极性半步驱动的工作原理图如图 1-17 所示，它与图 1-16 所示的整步驱动相比，在两个整部之间插入了两个"半步"。如图 1-17（b）所示，给 A、B 线圈同时通电，电流方向分别从 A2 到 A1 和 B2 到 B1，A、B 线圈在靠近转子的一端，同时形成磁力相等的北极（N），而转子的南极（S）在磁力的平衡作用下，则停在 A 和 B 的正中央。这样在 A→AB→B→BC→C→CD→D→DA 的通电顺序下，转子将分 8 步顺时针旋转；如果将通电顺序改成 DA→D→CD→C→BC→B→AB→A，则转子将逆时针旋转。在这个过程中，每个线圈的电流方向也是固定从"2"到"1"，所以也称作单极性驱动，而转子每步只转 45°，所以称作半步驱动。和整步驱动相比，半步驱动把一整步分成两个半步来跑，电机转起来会更顺畅。

2. 步进电机的双极性驱动

双极性驱动分为整步驱动、半步驱动和细分驱动三大类。双极性整步驱动的工作原理图如图 1-18 所示，其中 A2 端和 C2 端、B2 端和 D2 端在生产电机时，已经在电机内部联通。首先如图 1-18（a）所示，给 C 线圈和 A 线圈通上从 C1 到 A1 的电流，C 线圈和 A 线圈同时产生上南（S）下北（N）的磁极，转子被吸引到上南（S）下北（N）的位置；接着如图 1-18（b）所示，给 D 线圈和 B 线圈通上从 D1 到 B1 的电流，转子被吸引到左北右南的位置；然后如图 1-18（c）所示，给 A 线圈和 C 线圈通上从 A1 到 C1 的电流，转子被吸引到上北下南的位置；最后如图 1-18（d）所示，给 B 线圈和 D 线圈通上从 B1 到 D1 的电流，转子被吸引到左南右北的位置。这样在 CA→DB→AC→BD 的通电顺序下，转子将分 4 步顺时针旋转；如果将通电顺序改成 BD→AC→DB→CA，则转子将逆时针旋转。在这个过程中，每个线圈的电流方向是双向改变的，例如 A 线圈的电流可以从 A2 到 A1，也可以从 A1 到 A2，所以称作双极性驱动；和单极性整体驱动一样，转子也是从一个线圈一步到位地转到另一个线圈，每一步转过的角度也是 90°，所以也称作整步驱动。

1.3.3　伺服电机与步进电机的区别

伺服电机与步进电机均为运动控制产品，但在产品性能上有所不同。伺服电机是指在伺服系统中将电信号转化为转矩、转速以驱动控制对象，可控制速度、位置精度。步进电机是一种离散运动的装置，即接到一个命令就执行一步。步进电机把输入的脉冲信号转变

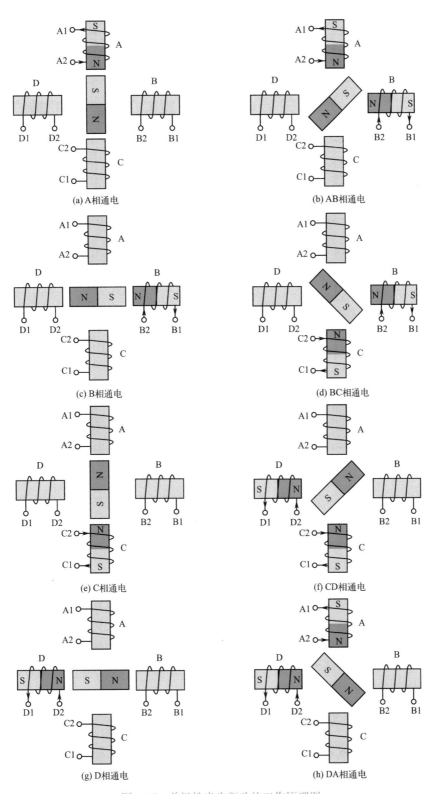

图 1-17　单极性半步驱动的工作原理图

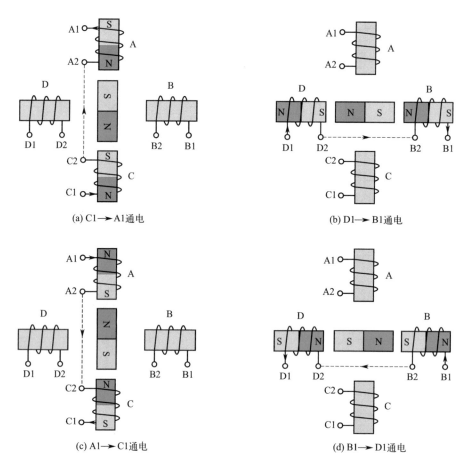

图 1-18　双极性整步驱动的工作原理图

为角位移，当步进电机驱动器收到一个脉冲信号，会驱动步进电机按设定的方向转动一个固定的角度。虽然两者在控制方式上相似（方向信号和脉冲信号），但在使用性能和应用场合上存在着较大的差异。

1.3.3.1　工作原理

伺服电机和步进电机在工作原理上有很大的不同。步进电机是将电脉冲信号转变为角位移或线位移的开环控制元件，而伺服电机主要靠脉冲来定位。伺服电机本身具备发出脉冲的功能，所以伺服电机每旋转一个角度，都会发出对应数量的脉冲，从而与其接受的脉冲形成了呼应，或者叫闭环，这样系统就会清楚发出多少脉冲和收回多少脉冲，从而能够准确地控制电机的转动，实现精确的定位。

1.3.3.2　控制精度

步进电机的精度一般是通过步距角的精准控制来实现的。步距角有多种不同的细分档位，可以实现精准控制。而伺服电机的控制精度是由电机轴后端的旋转编码器保证的。一般伺服电机的控制精度要高于步进电机。

1.3.3.3　转速与过载能力

步进电机在低速运转的时候容易出现低频振动，所以当步进电机在低速工作时候，通常还需采用阻尼技术来克服低频振动现象，例如在电机上加阻尼器或驱动器上采用细分技术等。而伺服电机则没有这种现象的发生，其闭环控制的特性决定了其在高速运转时可保持优秀的性能。两者的矩频特性不同，一般伺服电机的额定转速要大于步进电机。步进电机的输出力矩会随着转速的升高而下降，而伺服电机则是恒力矩输出的，所以步进电机一般没有过载能力，而伺服电机的过载能力却较强。

1.3.3.4　运行性能

步进电机一般是开环控制，在启动频率过高或者负载过大的情况下会出现失步或堵转现象，所以使用时需要处理好速度问题或者增加编码器闭环控制。而伺服电机采用的是闭环控制，更容易控制，不存在失步现象。

1.4　机械臂及应用

机械臂是一种具备类似人类手臂的功能，可编程，能够接受指令的自动化设备。机械臂可以代替人工在各种环境下执行任务，尤其是在那些危险或者复杂的任务中，机械臂能够发挥重要的作用，具有标准化程度高、工作效率高等优势。早期的机械臂主要用于工业领域，随着相关技术的发展，小型化与轻量化的机械臂产品相继问世，可用于协作领域，应用在家庭、商业等场景中。

1.4.1　机械臂的基本结构

机械臂是传统的机械结构学结合现代电子技术、电机学、计算机科学、控制理论、信息科学和传感器技术等多学科的综合性高新技术产物。它是一种拟生结构、高速运行、重复操作和高精度机电一体化的自动化设备。机械臂由连杆（或称臂段）及连接连杆的关节组成。关节有1个或多个自由度，可以改变机械臂的方向和长度，关节一般有回转关节和直动关节两种形式，而连杆则是机械臂的执行部分，可以执行各种动作。机械臂的灵活性和精准性使得它可以完成各种复杂的任务，如装配、焊接、搬运等。

1.4.2　机械臂的种类

机械臂根据结构形式的不同，可分为多种类型，主要有球坐标式机械手、关节式机械手、直角坐标式机械手和圆柱坐标式机械手。

1.4.2.1　球坐标式机械手

球坐标式机械手是一种自由度较多、用途较广的机械手。它由两个转动和一个直线移动所组成，其工作空间图形为一个球体，可以做上下俯仰动作并能够抓取地面上或较低位置的工件，具有结构紧凑、工作空间范围大的特点。球坐标式机械手可实现的八个基本动作，包括俯仰动作、回转动作、伸缩动作、手腕上下弯曲动作、手腕左右摆动动作、手腕旋转动作、手爪夹紧动作、机械手整体移动动作。

1.4.2.2 关节式机械手

关节式机械手是一种适用于靠近机体操作的传动形式，有类似人手的肘关节，可实现多个自由度，动作比较灵活，工作范围大，可绕过各种障碍物，适于在狭窄空间工作。关节式机械手在20世纪40年代就应用在原子能工业中，随后又被应用于开发海洋。

关节式机械手有大臂和小臂的摆动，以及肘关节和肩关节的运动。关节式机械手具有上肢结构，可实现近似人手操作的机能（图1-19）。

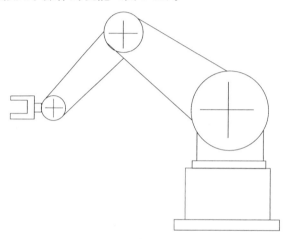

图 1-19　关节式机械手

1.4.2.3 直角坐标式机械手

直角坐标式机械手是适合于工作位置成行排列或与传送带配合使用的一种机械手。它的手臂可以伸缩、左右和上下移动，按照直角坐标形式 x、y、z 三个方向的直线进行运动。其工作范围是1个直线运动、2个直线运动或是3个直线运动，例如在 x、y、z 三个直线运动方向上各具有三个回转运动，即构成6个自由度（图1-20）。

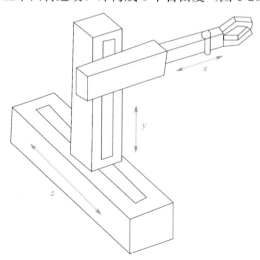

图 1-20　直角坐标式机械手

直角坐标式机械手的优缺点如下：

（1）其产量大、节拍短，能满足高速的要求；

（2）容易与生产线上的传送带和加工装配机械相配合；

（3）适用于装箱等工作，其定位容易变更；

（4）定位精度较高，载重发生变化时不会影响精度；

（5）容易实现数控，可与开环或闭环数控机械配合使用；

（6）作业范围较小。

1.4.2.4　圆柱坐标式机械手

圆柱坐标式机械手是应用最多的一种模式，适用于搬运和测量工件。圆柱坐标式机械手由 x、z、ϕ 三个运动组成，其工作范围可分为一个旋转运动、一个直线运动，以及一个不在直线运动所在平面内的旋转运动；两个直线运动加一个旋转运动（图 1-21）。

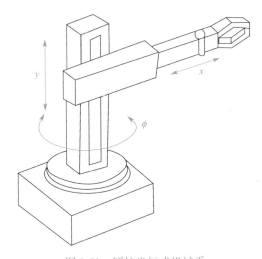

图 1-21　圆柱坐标式机械手

圆柱坐标式机械手具有五个基本动作，包括手臂水平回转、手臂伸缩、手臂上下、手臂回转动作和手爪夹紧动作。

1.4.3　机械臂的应用领域

机械臂在各个领域的应用越来越广泛，为各行各业提供了智能化的解决方案。

1.4.3.1　工业制造领域

高性能、高精度机械臂在汽车制造、电子制造、金属加工等工业制造领域的应用十分广泛，能够代替人类进行生产搬运以及工艺的加工。例如机械臂可以进行玻璃搬运、器械搬运、喷涂工艺加工、焊接工艺加工等，实现生产线的自动化和柔性化；在汽车制造中，机械臂可以应用于焊接、零部件装配等生产流程，提高生产效率和质量；在电子制造中，机械臂可以用于组装和测试电子元器件，实现高效、精准的生产。

1.4.3.2 医疗领域

机械臂在医疗领域中最为广泛的应用是协助医生进行高精度的手术操作，比如微创手术、关节置换等。通过精确控制机械臂的运动轨迹和力度，可减少手术创伤和并发症等问题的发生。

1.4.3.3 物流仓储领域

机械臂可应用于搬运、分拣、装卸等环节，还可以根据货物的属性进行分类排序，提高物流效率和准确性。

此外，机械臂还可应用在农业、航空航天、教育等领域。随着科学技术的不断进步，未来机械臂会朝着智能化、人机协作、无人化、集成化等方向发展，在各个领域发挥更加重要的作用。

 习题

一、选择题

1. 下列关于开环控制系统，说法正确的是（　　）。

A. 开环控制系统的输出端与输入端存在反馈关系

B. 开环控制系统的输出量对控制作用会产生影响

C. 开环控制装置与被控对象之间是顺向作用

D. 开环控制装置与被控对象之间是反馈调节

2. 球坐标式机械手是由（　　）转动和（　　）直线移动所组成，其工作空间图形为一个球体，可以做上下俯仰动作并能够抓取地面上或较低位置的工件。

A. 2个，1个

B. 1个，2个

C. 1个，0个

D. 0个，1个

3. 以下哪种机械手具有多个空间自由度，动作比较灵活，工作范围大，可绕过各种障碍物，能适于狭窄空间工作？（　　）

A. 球坐标式机械手

B. 关节式机械手

C. 直角坐标式机械手

D. 圆柱坐标式机械手

二、填空题

1. 直流伺服电子由定子、_____、_____和机壳组成。

2. 步进电机从其结构上可分为三大类，即反应式步进电机（VR）、_____和混合式步进电机（HB）。

三、简答题

简要概述伺服电机与步进电机的区别。

第二章
自动化样本制备系统简介

教学目标

1. 了解高通量测序技术及主要的测序平台。
2. 了解文库类型，熟悉文库构建流程。
3. 熟悉自动化样本制备系统的工作原理。

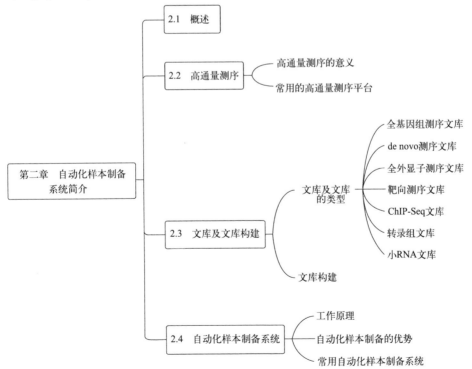

2.1　概述

自动化样本制备系统是一款专注于二代测序领域的自动化工作站。采用自动化的流程设计，可对样本进行批量处理，省去人工实验繁琐、重复的操作，提高 NGS 文库制备的稳定性，降低总成本，全面提升实验室整体工作效率。

2.2　高通量测序

测序技术是基因组学发展的核心技术，主要基于"生命是序列的"和"生命是信息的"这两个理念。序列是基因组学最基本、最重要的数据，也是生命科学领域大数据时代的核心组成部分。简单来说，测序技术就是将 DNA/RNA 分子中碱基的排列顺序测定出来。高通量测序技术，又称下一代测序技术，是在第一代测序技术上发展起来的，其以能一次并行对几十万到几百万条 DNA 分子进行序列测定和一般读长较短等为标志。高通量测序技术的出现使得大规模并行测序成为现实，极大地推动了基因组学的发展。此外，高通量测序技术在无创产前筛查、肿瘤基因突变、遗传病检测、病原微生物等检测领域展现了极强的应用前景，是目前 DNA 和 RNA 序列分析最高效的工具，也是精准医学时代研究和临床诊疗的支撑技术。

目前高通量测序平台的主要代表有罗氏公司的 454 测序仪（Roche GS FLX sequencer）、Illumina 公司的 Solexa 基因组分析仪（Illumina Genome Analyzer）和 ABI 的 SOLiD 测序仪（ABI SOLiD sequencer）以及华大智造的 MGI 系列测序仪。

高通量测序技术的特点之一是操作步骤多、程序复杂，包括实验室内的标本预处理、核酸提取及片段化、建库、扩增、靶序列捕获、测序前准备及测序、数据分析等步骤。

2.3　文库及文库构建

为了将不同待测目的片段进行区分并将其更好地锚定在测序芯片上，同时大批量扩增出足量的测序模板，在进行上机测序之前，需要将待测 DNA 分子链上特定的检测接头序列，即进行测序文库构建。文库构建是进行高通量测序的第一步。测序文库是指连有相应接头的一系列 DNA 片段，其长度和接头序列都需满足测序仪的处理要求。尽管目前高通量测序仪正逐步朝着自动化及简单化方向发展，但测序前的文库构建仍是一个相对繁琐的步骤。对于不同的测序类型，包括全基因组测序、全外显子测序、转录组测序及染色质免疫共沉淀测序等均需要不同的、特定的文库，以进行后续上机测序。经研究证实，选择合适的文库构建方法可以制备出含有尽可能少偏倚的上机样本，从而尽可能地减少测序误差。

2.3.1　文库及文库的类型

2.3.1.1　全基因组测序文库

全基因组测序（Whole genome Sequencing，WGS）是指对某种生物基因组中的全部基因进行测序，即把细胞内完整的基因组序列从第一个 DNA 分子开始直到最后一个 DNA 分子完完整整地检测出来，并按顺序排列好。全基因组测序覆盖面广，能检测个体基因组中的全部遗传信息，并且准确性高，其准确率可高达 99.99%。使用高通量测序技术分析全基因组可提供所有基因组改变的碱基序列图谱，包括单核苷酸变异（Single nucleotide variation，SNV）、插入和缺失（INDELs）、拷贝数变异（Copy number variation，CNV）及结构变异（Structure variation，SV）。目前全基因组测序可应用于人类、动植物及微生物的检测，尤其可应用于鉴定遗传疾病、查找驱使肿瘤发展的突变及追踪疾病的暴发等方面。

2.3.1.2　de novo 测序文库

全基因组 de novo 测序又称从头测序，即不需要任何基因序列信息就可对某物种进行测序，最后通过生物信息学的分析方法对测得的序列进行拼接、组装，从而获得该物种完整基因组图谱的方法。其目的可用于测定基因组未知序列或没有近源物种基因组信息的某物种，绘制出基因组图谱，从而达到破译物种遗传信息的目的。其对于后续研究物种起源、进化及特定环境适应性，以及比较基因组学都具有很重要的意义。

2.3.1.3　全外显子测序文库

全外显子组（即人类基因组的蛋白编码区域）代表了不到 2% 的人类基因组，却包含约 85% 的已知致病变异，这使得全外显子组测序可在一定程度上替代全基因组测序。在不适合或不需要使用全基因组测序的情况下，全外显子组测序亦能高效地鉴定变异，可广泛应用于群体遗传学、遗传病和癌症研究等方面。由于其只对基因组的编码区域进行测序，这样便将检测关注点集中到最可能影响表型的基因，因此，全外显子组测序可较全基因组测序大大缩短检测周转时间及节约成本。在检测编码外显子中的变异时，全外显子组测序能够将靶向序列扩大到非翻译区和 microRNA，从而提供一个更为全面的基因调控视野。

全外显子测序本质上即为目标区域是基因组上全部外显子的靶向富集测序。但与目标区域靶向测序不同的是，全外显子测序所需靶向的区域更广且所需的探针量也更多。一个全外显子测序试剂盒需要使用超过 200 万个 DNA 寡核苷酸探针以捕获目标区域，产物可覆盖 20000 个以上基因区域。通过对全外显子组文库进行测序，其可检测数千个基因以全面了解样本的遗传图谱，并寻找未知基因或分析已知与疾病相关的基因。

2.3.1.4　靶向测序文库

由于全基因组测序及全外显子测序成本相对昂贵，并且常会得到较多的检测者并不关注的序列信息。因此，为了降低成本并聚集检测重点感兴趣的序列信息，可采用较全外显子更进一步聚焦的"靶向富集测序"策略。靶向测序，即对关键基因或区域进行高深度测序（500～1000X 或更高），从而识别罕见变异，并为针对疾病相关基因的研究提供准确且易于解读的结果。该策略有效地降低了测序成本，提高了测序深度，能够更经济、高效、精确地发现特定区域的遗传变异信息。目前靶向测序的应用越来越广泛。通过研究大量样本的靶向目标区域，有助于发现和验证疾病相关候选基因或相关位点，在临床诊断及药物开发等方面有着巨大的应用潜力。

2.3.1.5 ChIP-Seq 文库

染色质免疫共沉淀技术（Chromatin Immunoprecipitation，ChIP），因其能真实、完整地反映结合在 DNA 序列上的靶蛋白的调控信息，故可用于全基因组 DNA 与蛋白质间相互作用的研究。通过在特定时间点上用甲醛交联等方式"固定"细胞内所有 DNA 结合蛋白的活动，再进行后续的裂解细胞、断裂 DNA，将蛋白-DNA 复合物与特定 DNA 结合蛋白的抗体孵育，然后将与抗体特异性结合的蛋白-DNA 复合物洗脱下来，最后将洗脱得到的特异 DNA 与蛋白解离、纯化进行下游分析，最终可得到特定蛋白与 DNA 间相互作用的关系。由于传统的 ChIP 实验设计步骤多、结果重复性较低，且需要大量起始材料；最终洗脱的 DNA 中包含大量的非特异性结合的假阳性结合序列；并且难以区分个别细胞与总体细胞的表型。因此，为了解决上述技术难点，配合使用芯片或高通量测序技术检测这些 DNA 片段就形成了 ChIP-chip 技术和 ChIP-Seq 技术。

ChIP-Seq 是将高通量测序技术与 ChIP 实验相结合，用以分析全基因组范围内 DNA 结合蛋白结合位点、组蛋白修饰、核小体定位或 DNA 甲基化的高通量方法，其可应用到任何基因组序列已知的物种，并能确切得到每一个片段的序列信息。相对于 ChIP-chip 技术，ChIP-Seq 是一种无偏向检测技术，能够完整显示 ChIP 富集 DNA 所包含的信息。ChIP-chip 技术的缺点在于它是一个"封闭系统"，只能检测有限的已知序列信息。相比之下，ChIP-Seq 的优势在于其强大的"开放性"，具备发现和寻找未知信息的能力。因此，ChIP-Seq 与传统的 ChIP-chip 技术相比具有更加显著的优势。

2.3.1.6 转录组文库

转录组是指某个物种或特定细胞在某一功能状态下产生的所有 RNA 的总和，其中不仅包含编码 RNA，还包含非编码 RNA、反义 RNA 及基因间 RNA 等。由于转录组是连接生物基因组遗传信息与发挥生物功能的蛋白质组之间的纽带，因此，对转录组进行研究是探究细胞表型和功能的一个重要手段。在对转录组的研究中，转录组测序是近年来新兴的一项重要检测技术手段。广义上的转录组测序是指利用高通量测序技术对总 RNA 反转录的 cDNA 进行测序，以全面、快速地获取某一物种特定器官或组织在某一状态下的几乎所有转录本，并分析其基因表达情况、SNP 状态、全新转录本、全新异构体、剪接位点、等位基因特异性表达和罕见转录等全面的转录组信息。但由于一般实验中抽提到的总 RNA 中 95% 都是序列保守、表达稳定的核糖体 RNA（rRNA），故而在对总 RNA 样本进行转录组测序后，往往会得到很多不重要的 rRNA 数据信息，甚至会掩盖 RNA 中信息含量最丰富的 mRNA 测序数据。因此，目前许多研究所提到的转录组测序常为狭义的转录组测序，即 mRNA 测序。

2.3.1.7 小 RNA 文库

小 RNA（又称 microRNAs、siRNAs 和 piRNAs）是一类片段长度小于 30nt 的非编码 RNA 分子。虽然这些小 RNA 不能直接编码翻译形成蛋白质，但是它们却可以在转录后，水平上通过碱基互补配对的方式识别并降解靶向 mRNA，从而抑制 mRNA 的翻译过程。因此，小 RNA 分子在基因表达调控、生物个体发育、代谢及疾病的发生等生理过程中起着重要作用。其中，最熟知的 miRNA 是真核生物中普遍存在的一类长度为 21～25nt 的内源性非编码小 RNA。miRNA 参与许多重要的生理和病理过程，如发育、病毒防御、造血过程、细胞增殖凋亡及肿瘤发生等。60％～70％的人类蛋白编码基因均受 miRNA 的调控。近年来，研究发现 miRNA 的异常表达是许多复杂疾病发生的重要原因。随着实验技术的不断发展，有越来越多的 miRNA 得以发现及鉴定。分析 miRNA 在疾病进展中的作用机制、探寻不同样本中 miRNA 差异表达的根本原因一直是当前小 RNA 研究的重点内容。

2.3.2　文库构建

目前，高通量测序技术可检测的 DNA 样本主要来源于组织、细胞或各类微生物的基因组 DNA，以及各类体液的小片段 DNA（如血浆中的循环游离肿瘤 DNA、母体血浆中的胎儿游离 DNA 等）。虽然这些 DNA 样本看似类型不同，但在进行高通量测序 DNA 文库制备时，其制备步骤基本相似：首先是对样本 DNA 进行提取，再将其片段化（小片段 DNA 样本的文库构建不需要片段化），通过凝胶电泳或磁珠选择合适大小的片段，随后对 DNA 进行末端修复，5′ 端磷酸化，并在其 3′ 端加适当的接头，扩增并定量形成最终的文库。

2.3.2.1　DNA 提取

DNA 提取目前可用的方法主要为有机溶剂提取法、离心柱提取法以及磁珠吸附提取法。对于自动化设备，一般使用磁珠吸附提取法进行核酸提取。

生物磁珠即具有细小粒径的超顺磁微球，其具有丰富的表面活性基团，可以与各类生化物质偶联，并在外加磁场的作用下实现分离。根据磁珠上包被的基团不同，生物磁珠可分为环氧基磁珠、氨基磁珠、羧基磁珠、醛基磁珠、巯基磁珠及硅基磁珠。其中，环氧基磁珠、氨基磁珠及羧基磁珠可用于各类蛋白或抗体的分离。而用于 DNA 分离提取的磁珠则为硅基磁珠，其提取原理为利用氧化硅纳米微球的超顺磁性，在 Chaotropic 盐（盐酸胍、异硫氰酸胍等）和外加磁场的作用下，DNA 分子可被特异高效地吸附。该方法较离心柱提取法减少了样本堵塞吸附膜的影响，同时操作简便且易于自动化，因此该方法目前在高通量测序检测中的使用比例大幅提升。除此之外，由于纳米级别的硅基磁珠可在溶液中均匀分散分布，因此其与 DNA 分子接触面积较离心柱提取法更大，故磁珠吸附提取法可更好地吸附小片段 DNA 分子，适用于血浆肿瘤游离 DNA 等小片段 DNA 分子的提取。

2.3.2.2　DNA 片段化

在对样本进行 DNA 提取后，需要对提取的 DNA 样本进行片段化以符合测序平台的读长。目前，DNA 片段化主要通过物理方法（如超声打断、雾化等）及酶消化方法（即非特异性内切酶消化法）实现。

1. 超声打断法

超声打断法以 Covaris 超声破碎系统较为常用。其利用几何聚焦声波能量，通过大于 400kH 的球面固态超声传感器将波长为 1mm 的声波能量聚焦在样品上，在等温条件下，核酸样本可被断裂成小片段分子并同时保证完整性。配合专门设计的 Adaptive Focused

Acoustics（AFA）管，Covaris 超声破碎仪可精确地将 DNA 打断成 100~1500bp 或 2~5kb 的片段（miniTUBE）。而对于那些需要更长 DNA 片段的测序，g-TUBE 可通过离心产生的剪切力产生 6~20kb 的片段。

2. 非特异性核酸内切酶消化法

除了超声打断法外，非特异性核酸内切酶处理也是 DNA 片段化的常用方法。例如，NEB 公司推出的 NEB Next dsDNA Fragmentase，其为两种酶的混合物：一种在 dsDNA 上产生随机切割，另一种识别随机切割位点并切割互补的 DNA 链，从而产生 100~800bp 的双链 DNA 断裂。另外，Illumina 公司的 Nextera 系列文库构建试剂盒中所使用的转座酶 Tn5 也可通过转座子序列的特异性识别而产生约 300 bp 大小的切割。

3. DNA 片段大小的选择

片段化后的 DNA 样本可通过凝胶电泳或磁珠吸附筛选合适大小的 DNA 片段，进而进行下一步文库制备。当样本浓度足够且质量尚可时，实验室可使用 Agencourt AMPure XP（Beckman Couter 公司）进行片段大小选择；但当样本质量不高时，如福尔马林固定石蜡包埋样本，应选择通过凝胶电泳进行片段回收。值得注意的是，由于凝胶回收过程中的加热步骤可使某些样本变性从而无法连接接头。因此，为了避免 GC 偏倚，在凝胶回收过程中应避免加热，改用室温搅拌溶解的方式。

2.3.2.3 文库构建

回收纯化后的 DNA 片段应进行末端修复及 5' 端磷酸化，以利于后期连接反应，并随后在其 3' 端加上适当的接头。末端修复常通过 T4 DNA 聚合酶及 Klenow 酶实现，也可采用 Taq DNA 聚合酶直接替代 Klenow 酶。接头上有用于扩增的引物，可大批量扩增足量的测序片段模板。另外，接头上有补贴的条形码序列用于区分不同来源的样本，还有用于测序的测序引物序列。

2.4 自动化样本制备系统

以华大智造的 MGISP-100 自动化样本制备系统（以下简称 MGISP-100）为例，它是一款专注于二代测序领域的自动化工作站。MGISP-100 采用自动化的流程设计，可对样本进行批量处理，省去人工实验繁琐、重复的操作，提高 NGS 文库制备的稳定性，降低总成本，全面提升实验室整体工作效率。

2.4.1 工作原理

自动化样本制备系统是高通量测序中的关键建库步骤开发的全自动仪器，可以取代人工作业，进行全自动的精确步骤，如样品添加、扩增等。以 MGISP-100 为例，它使用了移液模块、温控模块及 PCR 模块，用于移取样本及试剂，并根据设定的流程进行预处理，包括 DNA 提取、酶反应以及磁珠纯化等反应，最终得到文库，用于基因测序仪进行测序检测。自动化样本制备系统流程图如图 2-1 所示。

自动化样本制备系统可替代人工完成核酸提取、PCR 反应、文库构建等一系列实验操作，适用于多个 NGS 应用，包括但不限于：

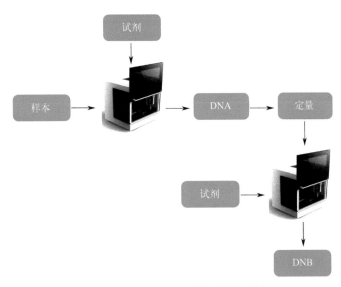

图 2-1　自动化样本制备系统流程图

1. 无创产前筛查；
2. 胚胎植入前遗传学筛查；
3. 人类全基因组测序；
4. 病原微生物快速检测；
5. 单菌鉴定；
6. 肺癌靶向检测。

2.4.2　自动化样本制备的优势

1. 集成化设计，一站式建库体验

（1）集成 8 通道移液器、PCR 仪、文库设备、磁力架等功能模块。

（2）复杂建库步骤一站式解决，无需实验人员过多干预，降低出错概率。

（3）多种已验证的配套试剂盒和分析软件，提供完整的解决方案。

2. 人性化操作界面，轻松掌控

（1）图形化用户向导，操作界面直观，即使是新手，也能轻松掌控。

（2）实时显示工作状态，有效跟踪实验进度，兼容 LIMS 实验室信息管理系统，实现全流程的数据管理。

3. 全面的污染防控

（1）内置高效过滤系统，清洁效果可达标准。

（2）紫外消毒系统，有效保障仪器内环境的清洁。

作为 NGS 的前期关键步骤，文库制备的质量对测序结果产生决定性的影响。手工文库制备的方法步骤多，耗时长，结果高度依赖于实验工作人员的操作专业度与稳定性。而将 NGS 文库制备过程自动化，将大幅度减少人工失误及操作时长，保证结果的快与准。手动建库和自动建库的对比情况见表 2-1。

手动建库和自动建库的对比　　　　　　　　　　　　　　表 2-1

项目名称	手动建库	自动建库
建库时间	9 小时	手动 1 小时＋机器 6 小时
操作难度	步骤多且繁琐	多步整合,操作简单
实验重复性	重复性一般	重复性高
可追溯性	难追溯	全程可追溯
人员要求	经验丰富	新手可操作

注:以人类全基因组文库制备为例,不同应用建库时间有差异。

2.4.3　常用自动化样本制备系统

2.4.3.1　NadAuto-96R 高通量自动化样本制备系统

NadAuto-96R 高通量自动化样本制备系统是纳昂达研发的一款适用于高通量自动化样本制备的自动化工作站（图 2-2）。该系统由主机、配套组件和控制软件组成,主机内置 30 个板位,其中包括 2 个移液头库载架,3 个温控模块,1 个加热振荡模块,1 个热循环仪,可应对多种场景、多种反应的需求；同时,搭配三种移液头（单道、8 道、32 道）和 1 个移板抓手,可根据样本数量灵活搭配,效率更高,也能轻松实现转板功能。NadAuto-96R 除用于临床检验前的样本自动加样,包括样本分装、核酸提取、酶反应体系构建、核酸纯化、定量点板和样本混合的加样处理外,还可用于临床诊断方面执行基因测序文库自动化构建和杂交捕获,可全面提升实验室的工作效率。

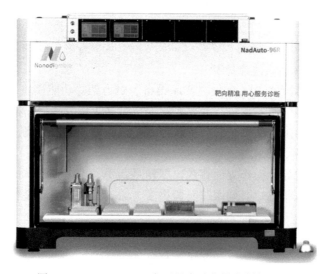

图 2-2　NadAuto-96R 高通量自动化样本制备系统

2.4.3.2　AVENIO Edge System 全自动 NGS 建库工作站

罗氏诊断推出的 AVENIO Edge System 全自动 NGS 建库工作站（如图 2-3 所示,简称"AVENIO Edge System"）,是目前市场上唯一集文库制备、靶向探针捕获和文库质控于一体，实现"样本进，结果出"的 NGS 建库工作站。它在提升检测质量、简化运行程序及提高管理效率等方面享有显著优势和价值，开创行业新标准。

AVENIO Edge System 工作站的特点：

1. 重新定义简便性

（1）搭载预冷、扩增和定量模块，实现从文库制备、文库质控到靶向富集全流程自动化；

（2）采用模块化设计，灵活组合实验流程，满足多种应用需求；

（3）预分装试剂，省去手工配制、分装试剂等繁琐操作。

2. 最大化生产力

（1）20 分钟内完成上机设置，即可一键启动实验；

（2）单次运行可同时检测 48 个样本，最多支持同时运行 4 个不同的 panel 检测；

（3）全程远程监控，无人值守也无需担心。

3. 结果值得信赖

（1）8 通道精准移液，结果重复性高；

（2）条码追踪机制，让每个结果都可溯源。

图 2-3　AVENIO Edge System 全自动 NGS 建库工作站

2.4.3.3　Magnis NGS Prep 全自动系统

Magnis NGS Prep 全自动系统是由广州燃石医学检验所有限公司与安捷伦科技有限公司联合研发的，是国内首款支持探针捕获法的 NGS 全自动文库制备系统，它可以提供完全无人值守的自动化 NGS 文库制备和靶向序列捕获。该系统对操作人员的专业性要求不高，且能够进行自检和调校，并能预先分装试剂和预设程序，可为运行各种样品类型的复杂 NGS 分析提供极简的工作流程（图 2-4）。

Magnis NGS Prep 全自动系统具有以下特点：

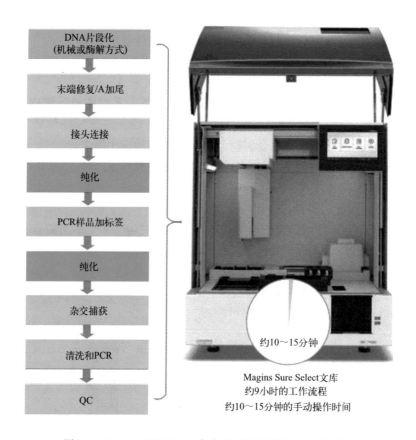

图 2-4 Magnis NGS Prep 全自动系统及可以完成的流程

1. 无人值守自动化分析

通过完全无人值守的自动化，将手动操作时间从 2.5 小时缩短至 10～15 分钟，并为文库提供长达 72 小时的温控保存。

2. 快速周转时间（TAT）

（1）在 9 小时内生成 8 个可用于测序的文库。确保满足关键临床样品的及时处理得益于无需批量采集样品，从而实现及时生成关键结果。

（2）体验超短的运行时间，并在本实验室内即可完成测试。无需担心样本进行外部转运而带来的周转时间限制。

2.4.3.4 MGISP 系列自动化样本制备系统

华大智造自主研发的自动化样本制备系统包括 MGISP-960 和 MGISP-100。其中，MGISP-100 被广泛应用于高通量测序文库制备环节，并支持各种实验室自动化移液操作，搭载了 8 通道移液器，采用自动化流程设计以及标准化生产模式，有效防止污染，样本制备的重复性好、稳定性高、成功率高。同时 MGISP-100 作为一款开放平台，可以搭配多种试剂、耗材，批量处理液体样本，有效缩短实验周期，大规模解放实验室人力。

以 MGISP-100 为例，该系统主要由主机和计算机两部分组成。其中，主机由三维机械臂、移液模块、PCR 模块、温控模块、主机架组成；计算机为本系统的控制中心，主要包括计算机和预装的控制软件，用于设备控制、检测结果的数据处理（图 2-5）。MGISP-100 系统实现了文库构建功能一体化，可以代替人工完成复杂的分子实验操作。

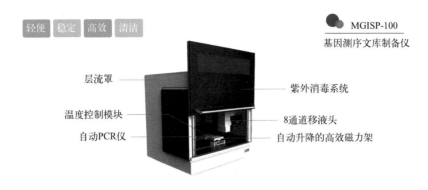

图 2-5　MGISP-100 系统及相应的功能模块

1. MGISP-100 的性能参数（表 2-2）。

MGISP-100 的性能参数　　　　　　　　　　　　　　　　　表 2-2

仪器通量	单次运行支持 16 个样本
移液器类型	8 通道固定间距移液器
移液范围	$2\sim200\mu L$
移液精度	$2\mu L:<5\%$ $200\mu L:<1\%$
移液准确度	$2\mu L:<\pm10\%$ $200\mu L:<\pm1\%$
PCR 仪	温度范围:$4\sim99^{\circ}C$ 温度准确性:$\pm0.3^{\circ}C$ at $55^{\circ}C$ 温度均匀性:$\pm0.2^{\circ}C$ at $72^{\circ}C$
温控模块	温度范围:$4\sim90^{\circ}C$ 温度准确性:$\pm1^{\circ}C$ at $55^{\circ}C$ 温度均匀性:$\pm1^{\circ}C$ at $72^{\circ}C$
机械臂定位精度	$\pm0.1mm$
空气洁净系统	ISO5 级
紫外消毒系统	辐照剂量高于 $100\,000\mu W\cdot s/cm^2$

2. MGISP-100 的特点

（1）灵活。单次可运行 8/16/24/32 样本，运行时间 40～80 分钟；操作简单，提取全流程自动化，无需人工干预。

（2）高效。集多种功能于一体，占地面积小于 $0.5m^2$；可以自动化完成从提取到 RT-PCR 反应体系配置，仅需少量常规的辅助设备。

（3）安全。使用带滤芯吸头，防止交叉污染；配置封闭式安全防护门及自动清洁功能。

（4）可靠。运行 run 与 run 之间有良好的重复性，提取效果稳定；移液范围低至

$2\mu L$，良好的移液精度可以保证更好的提取效果。

 习题

一、选择题

下面哪项不是目前主流的高通量测序平台？（　　）

A. 454 测序仪

B. Solexa 基因组分析仪

C. SOLiD 测序仪

D. Sanger 测序仪

二、名词解释

1. 文库

2. 全基因组测序

3. 靶向测序

4. 高通量测序

三、简答题

简述自动化样本制备系统的工作原理及用途。

第三章
自动化样本制备系统使用安全事项

🎖 **教学目标**

1. 熟悉仪器上的所有标识。
2. 熟悉仪器使用和维护时的安全说明。

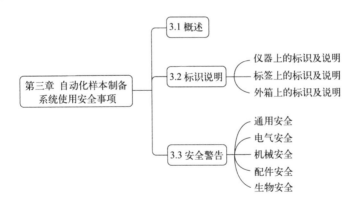

3.1 概述

华大智造的 MGISP-100 自动化样本制备系统是一款专注于二代测序领域的自动化工作站。其采用自动化的流程设计，可对样本进行批量处理，省去人工实验繁琐、重复的操作，提高 NGS 文库制备的稳定性，降低总成本，全面提升实验室整体工作效率。

3.2 标识说明

仪器上的标识图示及说明如图 3-1 所示。
标签上的标识图示及说明如图 3-2 所示。

符号	名称	说明
I	通(电源)	表示已接通电源。
O	断(电源)	表示已与电源断开。
 ⚠	通用警告标志	表示一个通用的警告。
 ☣	警示生物性危险	当心感染，避免接触病毒或毒素等。
 ♨	小心烫伤	指示所标出的部分可能是烫的，不要随意触摸。
 ⚡	小心电击危险	表示危险电压引起的危险。

符号	名称	说明
 ⏚	保护接地	保护导体端子。
 ⚠	小心夹手	警示来自可做闭合运动的机械部件的危险。
 ⚠	当心紫外线辐射	警示来自紫外线的危险。
F16 AL 250V	保险丝规格	仪器保险丝规格。

图 3-1　仪器上的标识图示及说明

符号	名称	说明
IVD	体外诊断医疗器械	表示该仪器为体外诊断医疗器械。
 ⚒	制造商	表示医疗器械制造商。
 ⚒	生产日期	表示医疗器械的生产日期。
SN	序列编号	表示制造商的序列编号，以便识别特定的医疗器械。
 📖	查阅使用说明	表示用户需要查阅使用说明。

图 3-2　标签上的标识图示及说明

外箱上的丝印及标签上的标识含义如图 3-3 所示。

符号	名称	说明
 ↑↑	向上	表明该运输包装件在运输时应竖直向上。
	易碎物品，小心搬运	表示如果不小心搬运，医疗器械会破碎或受损。
	怕雨	表示医疗器械需要避免潮湿，保持干燥。
	禁止堆码	表明该包装件只能单层放置。
	温度极限	表示医疗器械可安全暴露的环境的温度限制。
	温度极限	表示医疗器械可安全暴露的环境的湿度范围。
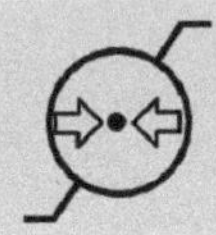	大气压力极限	表示医疗器械可安全暴露的大气压力范围。

图 3-3　外箱上的丝印及标签上的标识及说明

3.3　安全警告

3.3.1　通用安全

确保在说明书规定的使用条件下使用本仪器，否则可能导致仪器故障，实验结果不准确，甚至造成人身伤害。

确保按照"仪器维护与保养"中描述的方法对仪器进行维护，以保证仪器性能良好，否则可能导致仪器故障，甚至造成人身伤害。

本仪器仅可由厂商授权的技术支持人员（以下简称技术支持）或经过厂商培训的合格人员进行拆箱、安装、移动、调试和维修。操作不当将影响仪器的精确度或损坏仪器。

仪器安装和调试完成后，禁止再次移动仪器，否则可能影响仪器的准确性。如需重新放置仪器，请联系技术支持。

本仪器仅可由医学检验专业人员或经过培训的医生、技师或实验员进行操作。

禁止在易燃易爆环境中使用本仪器，否则可能导致仪器故障。

禁止在开机状态下断开电源线。

禁止将样本管或试剂盒置于仪器或计算机上，以防液体渗入仪器内部，导致仪器故障。

禁止重复使用一次性用品。

确保使用厂商推荐或指定型号的外接设备及耗材。

如有任何说明书中未提及的维护问题，请及时咨询技术支持。

仅可使用厂商提供的零部件对仪器进行维护，否则可能导致仪器故障或性能降低。

本仪器属于临床检验器械类别。

本仪器在出厂前已进行验证，如使用过程中发现结果有较大偏差，需联系厂商技术支持进行校准。

3.3.2　电气安全

务必在仪器使用之前评估电磁环境。

禁止在强辐射源（例如非屏蔽的射频源）附近使用本仪器，否则可能降低仪器准确性。

确保仪器接地正确，接地电阻小于 4Ω，否则将有电击危险，导致漏电，或影响实验结果。

禁止移除仪器外壳，将内部部件暴露在外，否则可能导致电击危险。

仅可使用符合仪器要求且经过认证的电源线连接电源。

确保按照"环境准备指引"中的要求准备实验室及电源。

确保输入电压符合仪器要求。

3.3.3　机械安全

确保仪器放置在平稳的水平平面上，且不易被移动，以免跌落造成人身伤害。

3.3.4　配件安全

如保险丝损坏，仅可用厂商指定规格的保险丝进行更换。具体操作方法，请联系厂商技术支持。

本仪器连接的计算机上不建议安装其他软件，包括杀毒软件。因为其他软件可能干扰仪器，导致其无法正常运行。

禁止自行卸载本仪器的控制软件。如软件运行中出现任何问题，请联系技术支持。

确保与仪器连接的外部设备符合相关国家或地区的安全标准或规定。

3.3.5　生物安全

试剂和废液中的化学成分会刺激眼睛、皮肤和黏膜，可能造成人身伤害。在操作过程中，操作者需遵守实验室安全操作规定，并穿戴好个人防护装备（如实验室防护衣、防护眼镜、口罩和手套等）。

如不慎将试剂溅到眼睛里或接触了皮肤，请立即用足量清水冲洗，并立即寻求医生帮助。

确保按照试剂盒使用说明书中的要求使用和存储试剂，以免操作不当导致试剂失效，无法获得正确结果。

禁止使用过期的试剂。使用试剂前，请查看其有效使用期限。

确保使用带有生物风险标志且强度足够的废料袋，以免废料袋被吸头扎破，造成废液泄漏及交叉感染。

过期试剂、废液、废弃样本、消耗品等的排放和处理，须遵守所在地区和国家的相关规定。

 习题

一、选择题

1. SN 表示下列中哪项？（　　）

A. 接通电源

B. 医疗器械制造商

C. 保护导体端子

D. 制造商的序列编号

2. 表示下列中哪项？（　　）

A. 通用警告

B. 危险电压

C. 紫外线危险

D. 警示生物性危险

二、简答题

简述仪器使用时应注意的电气安全内容。

第四章
自动化样本制备系统维护与保养

教学目标

1. 熟悉仪器的清洁类型。
2. 熟悉预防性维护需要使用的工具类型及功能。
3. 熟悉预防性维护的工作流程，并可上机操作。

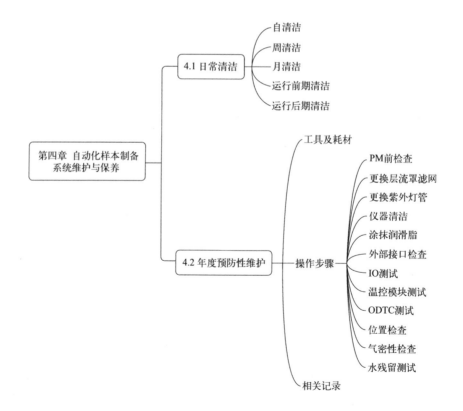

4.1　日常清洁

4.1.1　概述

MGISP-100 是华大智造自主研发的自动化样本制备系统，具有紫外消毒系统和过滤系统来保证仪器在使用过程中可以维持良好的避免污染的效果。仪器需要在运行程序前执行前期清洁，运行结束后执行后期清洁。

4.1.2　清洁类型

4.1.2.1　自清洁

自动化样本制备系统有风机过滤单元和紫外灯。每次运行之前和运行之后需执行前期清洁及后期清洁，以确保内部环境的洁净，避免交叉污染。

4.1.2.2　周清洁

1. 关闭仪器电源。
2. 用 75% 浓度的酒精溶液润湿无尘纸，将仪器外壳、视窗、把手以及仪器内壁各擦拭一遍。
3. 用 Milli-Q 超纯水润湿无尘纸，将上述部件再擦拭一遍。
4. 用 75% 浓度的酒精溶液润湿无尘纸，擦拭鼠标和键盘表面。
5. 擦拭完成后，让其自然风干。

4.1.2.3　月清洁

用棉签蘸取 75% 浓度的酒精，清洁仪器内操作平台上的各试剂管孔位内侧。

注意：

1. 建议不要使用其他消毒液。其他消毒液未经验证，是否对仪器有影响未进行评估。
2. 若对消毒液的兼容性有疑问，请联系技术支持。

4.1.2.4　运行前期清洁

开启电源前，需确认 PCR 仪上盖是否为垂直打开状态，如图 4-1 所示。如果是，需手动关闭 PCR 仪上盖。

图 4-1　PCR 仪上盖状态

1. 打开 MGISP-100 的电源开关，等待两分钟后，双击电脑桌面软件图标，选择 Real 模式，点击创建（图 4-2）。

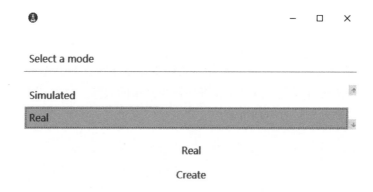

图 4-2　Real 模式选择界面

2. 点击操作员模式进入初始化界面（图 4-3）。

图 4-3　操作员模式选择界面

3. 点击初始化，等待一至两分钟（图 4-4）。如果仪器连接成功，软件会显示初始化成功（图 4-5）。

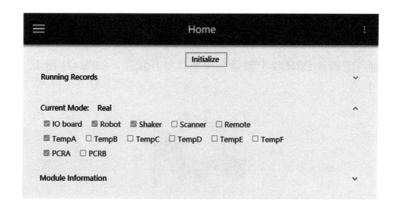

图 4-4　初始化选择界面

图 4-5　初始化成功界面

4. 点击菜单栏，选择前后期清洁（图 4-6）。

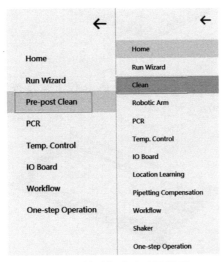

图 4-6　前后期清洁选择界面

5. 在下拉菜单中选择 Pre-clean，点击开始（图 4-7）。

图 4-7　清洁模式选择界面

6. 屏幕会弹出一个窗口，按照显示的指令进行操作（图 4-8）。

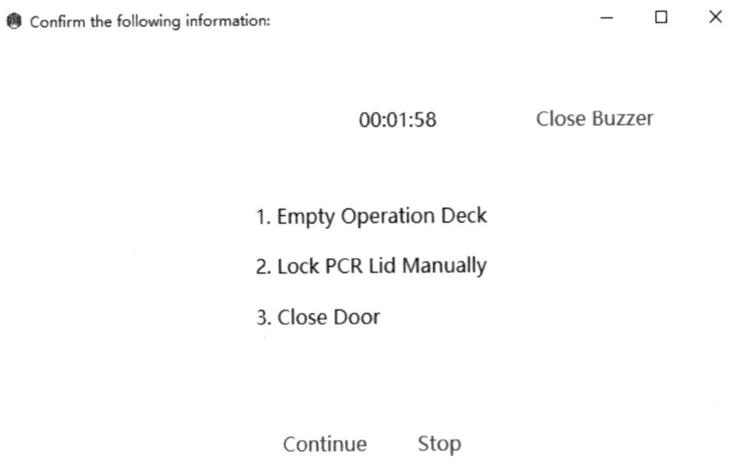

Confirm the following information: — ☐ ✕

00:01:58　　　　Close Buzzer

1. Empty Operation Deck

2. Lock PCR Lid Manually

3. Close Door

Continue　　Stop

图 4-8　指令选择界面

（1）清空操作台。移除操作台上的所有耗材，如果操作台已经清空，执行下一步操作（图 4-9）。

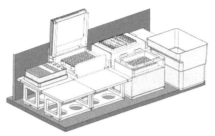

图 4-9　清空操作台示意图

（2）手动扣上并锁紧 PCR 仪上盖。检查 PCR 仪上盖是否为关闭状态，如果不是，手动关闭 PCR 仪上盖（图 4-10）。

图 4-10　手动关闭 PCR 仪上盖示意图

（3）关闭视窗（图 4-11）。

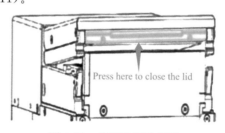

图 4-11　关闭视窗示意图

7. 点击继续（图 4-12），前期清洁开始运行，软件界面上会显示剩余时间（图 4-13）。

图 4-12　选择继续界面

图 4-13　剩余时间预估界面

注意：

（1）当前期清洁开始运行，PCR 仪器门会打开，空气过滤系统和紫外灯启动，进行仪器内部的清洁。前期清洁过程大约持续 20 分钟。清洁结束后，可进行样本准备工作。

（2）前期清洁的过程中，紫外灯会开启，为了保证人员安全，仪器门会被锁紧。如果想停止清洁，可点击停止。

4.1.2.5　运行后期清洁

1. 点击菜单栏，选择前后期清洁（图 4-14）。

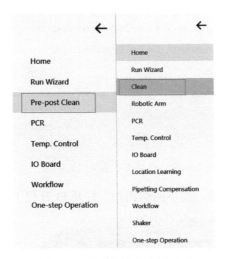

图 4-14　前后期清洁选择界面

2. 在下拉菜单中选择 Post-clean，点击开始（图 4-15）。

图 4-15　清洁模式选择界面

3. 屏幕会弹出一个窗口，按照显示的指令进行操作（图 4-16）。

（1）清空操作台。清除所有耗材和垃圾袋，并按相关规定处理。

（2）关闭视窗。

4. 点击继续，PCR 仪器门会自动关闭，然后显示一个弹窗（图 4-17）。

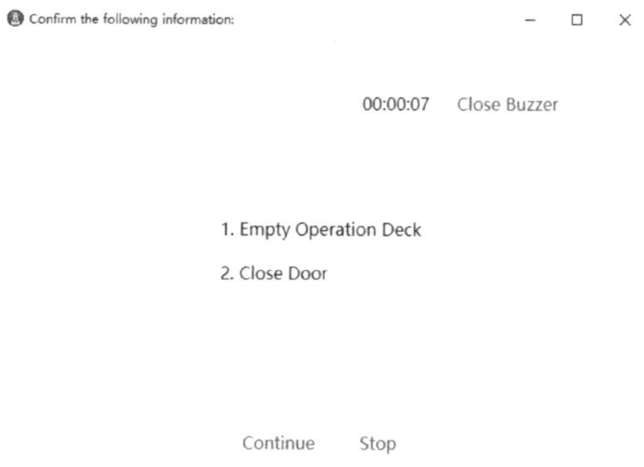

Confirm the following information: — □ ×

00:00:07   Close Buzzer

1. Empty Operation Deck

2. Close Door

Continue   Stop

图 4-16   指令选择界面

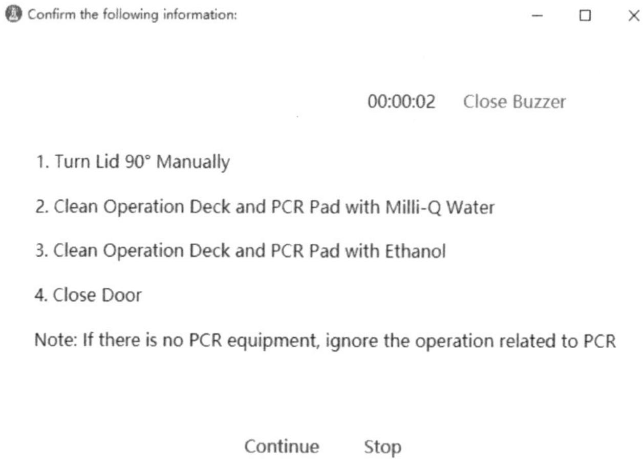

Confirm the following information: — □ ×

00:00:02   Close Buzzer

1. Turn Lid 90° Manually

2. Clean Operation Deck and PCR Pad with Milli-Q Water

3. Clean Operation Deck and PCR Pad with Ethanol

4. Close Door

Note: If there is no PCR equipment, ignore the operation related to PCR

Continue   Stop

图 4-17   选择继续安装界面

5. 手动翻开 PCR 仪器盖，按下两侧锁扣，打开 PCR 仪上盖（图 4-18）。

图 4-18   打开 PCR 仪上盖示意图

6. Milli-Q 超纯水清洁操作台及 PCR 垫片。用无尘纸蘸取超纯水，擦拭仪器操作台面和 PCR 仪上盖的硅胶垫（图 4-19）。

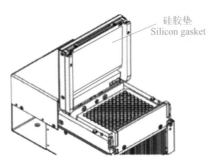

图 4-19　Milli-Q 超纯水擦拭界面示意图

7. 酒精清洁操作台及 PCR 垫片。用无尘纸蘸取 80% 浓度的酒精，擦拭仪器操作台面和 PCR 仪上盖的硅胶垫，然后用无尘纸擦干。

（1）用无尘纸蘸取 Milli-Q 超纯水或 80% 浓度的酒精，擦拭模块表面。确保无尘纸被浸湿，但是不能滴液（图 4-20）。

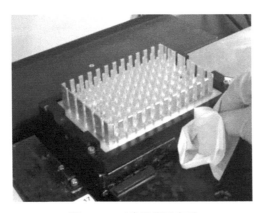

图 4-20　正确示范示意图

（2）不要直接对着任何模块喷洒任何液体（图 4-21）。

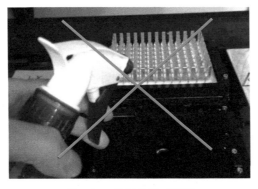

图 4-21　错误示范示意图

（3）喷洒的液体可能会沿着模块的侧壁往下流，导致模块的 PCB 烧坏（图 4-22）。

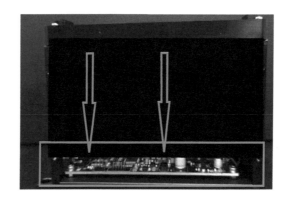

图 4-22　PCB 位置示意图

8. 关闭视窗门。

9. 确保仪器内部已经清洁干净且没有杂物。点击继续，空气过滤系统和紫外灯会启动，进行仪器内部的清洁。后期清洁过程大约持续 20 分钟（图 4-23）。

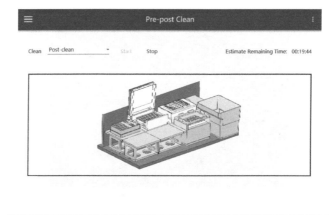

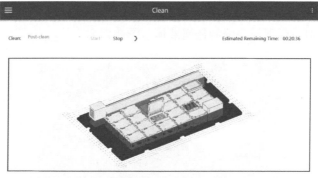

图 4-23　仪器内部清洁

10. 后期清洁结束之后，手动关闭 PCR 仪上盖（图 4-24）。

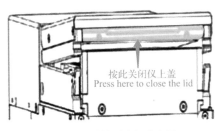

按此关闭仪上盖
Press here to close the lid

图 4-24 关闭视窗示意图

4.2 年度预防性维护

4.2.1 工具与耗材

1. 准备 MGISP-100 保养包，具体物料见表 4-1。

保养包物料 表 4-1

项目	照片	数量(个)
高效过滤器		1
UV 灭菌灯		3
移液器适配器		10
移液器适配器密封圈		10

2. 润滑脂

润滑脂可形成耐久的润滑膜，减少维修及停工成本，常用的润滑脂品牌为 KLOBER（型号：LI44-22）（图 4-25）。

图 4-25 润滑脂

3. ODTC 检测工具（图 4-26）

图 4-26　检测工具

4. 塞尺（图 4-27）

图 4-27　塞尺

5. 十字螺丝刀（图 4-28）

图 4-28　十字螺丝刀

6. 温度表（包括探头，如图 4-29 所示）

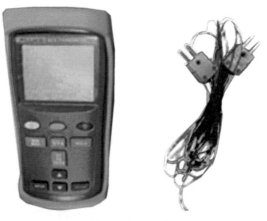

图 4-29　温度表

7. 公制内六角扳手（图 4-30）
8. 移液器适配器扳手（图 4-31）
9. 耗材
所用耗材清单见表 4-2。

图 4-30　公制内六角扳手

图 4-31　移液器适配器扳手

所用耗材清单　　　　　　　　　　　　　　　　　表 4-2

项目	图片	数量(个)
250μL 吸头		2
深孔板		2
PCR 板		2
10μL 吸头		1
0.5mL 二维码管		16
0.5mL 冻存管		24
8 连排		8

续表

项目	图片	数量(个)
0.65mL 管		16
乳胶手套		1
棉签		1

10. 用户准备的材料

用户需要准备的材料清单见表 4-3。

用户需要准备的材料清单   表 4-3

项目	照片	数量(个)
单通道移液器(量程:10μL)		1
Milli-Q 超纯水	/	/
75%浓度的酒精	/	/

4.2.2   操作步骤

4.2.2.1   PM 前检查

确保仪器在 PM 之前没有故障。如果有故障,应先进行维修,解决故障后再进行 PM。

4.2.2.2   更换层流罩滤网

1. 关闭仪器电源(图 4-32)。

图 4-32   仪器电源开关

2. 移除机器上盖板（图 4-33）。

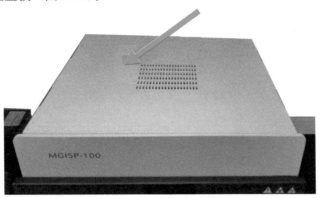

图 4-33　盖板位置示意图

3. 移除连接层流罩的电线（图 4-34）。

图 4-34　连接电线示意图

4. 移除下图所示的六颗螺钉（图 4-35），打开过滤器（图 4-36）。

图 4-35　螺钉位置示意图

图 4-36　过滤器打开示意图

5. 更换滤芯（图 4-37）。

图 4-37　滤芯位置示意图

注意：滤芯的方向不能放反。

6. 按照前面的方法重新安装好层流罩。

4.2.2.3　更换紫外灯管

总共需要更换三根紫外灯管，直接卸下安装即可（图 4-38）。

图 4-38　紫外灯管位置示意图

4.2.2.4　仪器清洁

1. 清理垃圾桶中的垃圾，并用 75％浓度的酒精擦拭。

2. 用浸了 75％浓度的酒精的无尘纸清洁仪器操作台、PCR 仪的盖子、仪器外壳、视窗门的把手、仪器内壁。再用 Milli-Q 超纯水擦一遍。

3. 使用蘸有 75％浓度的酒精的棉签清洁每个适配器（如 PCR 适配器、温控模块适配器、移液管适配器）的内部，然后用 Milli-Q 超纯水擦拭两次。

4.2.2.5　涂抹润滑脂

1. 移除移液器的外壳（图 4-39）。

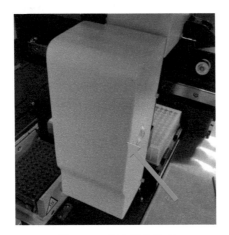

图 4-39　移液器的外壳

2. 给 P 轴的电机丝杠涂抹润滑脂（图 4-40）。

图 4-40　P 轴的电机丝杠位置示意图

3. 给 Z 轴的电机丝杠涂抹润滑脂（图 4-41）。

图 4-41   Z 轴的电机丝杠位置示意图

4. P 轴和 Z 轴上下来回移动数次。

5. 装回移液器的外壳。

4.2.2.6　外部接口检查

检查电源接口、网络接口、多个串口是否连接紧密无松动。确保自动化样本制备系统使用的软件可以成功初始化。

4.2.2.7　IO 测试

1. 打开工程师软件，选择 Real 模式，点击创建（图 4-42）。

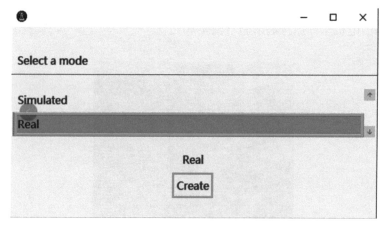

图 4-42   模式选择界面

2. 输入密码（图 4-43）。

3. 点击初始化，等待初始化完成（图 4-44）。

4. 点击左上角的导航栏，选择 "IO Board" 调试（图 4-45）。

5. 检查层流罩、视窗锁、照明灯、蜂鸣器、紫外灯、灯带工作是否正常（图 4-46）。

Authentication

🔑 **Authentication**

| | |

Verify　Exit

User Entry

图 4-43　登录界面

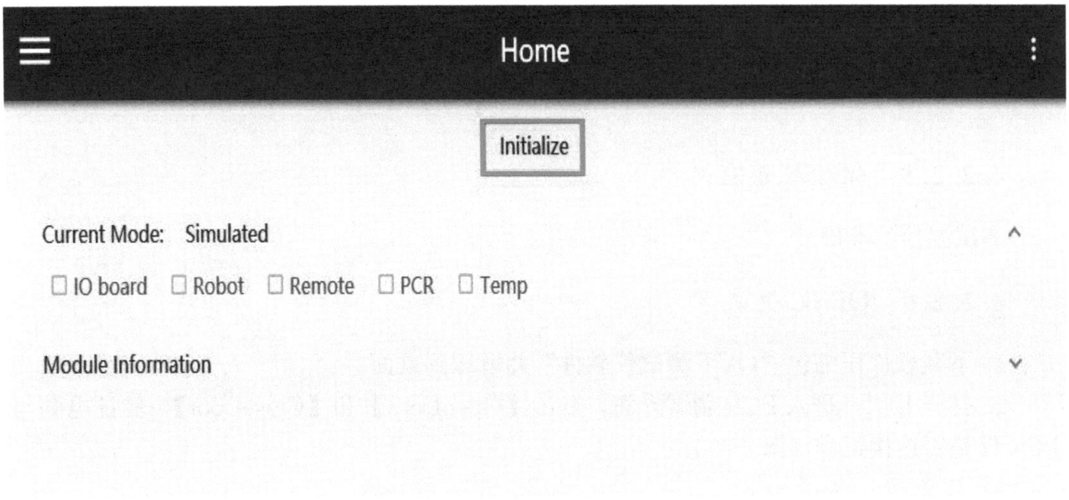

≡　　　　　　　　Home　　　　　　　　⋮

Initialize

Current Mode:　Simulated　　　　　　　　　　　∧

☐ IO board　☐ Robot　☐ Remote　☐ PCR　☐ Temp

Module Information　　　　　　　　　　　　　∨

图 4-44　初始化界面

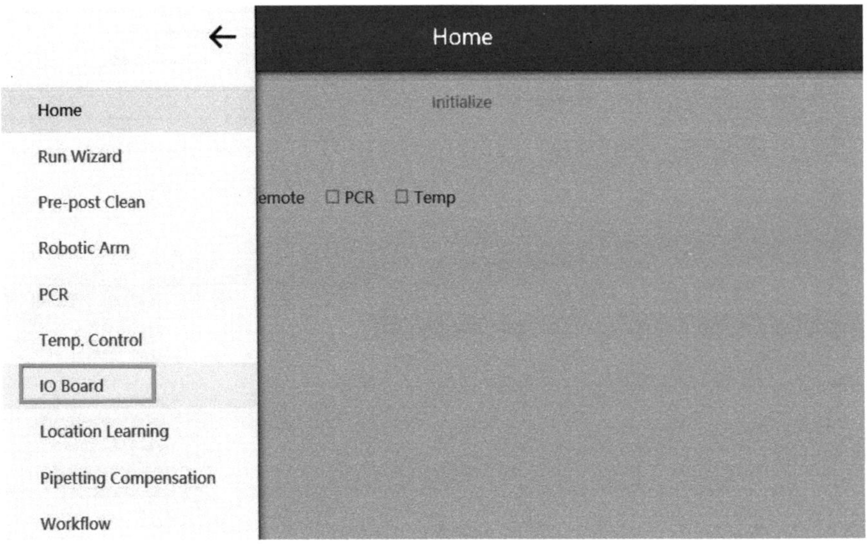

←　　　　　Home

Initialize

Home

Run Wizard

Pre-post Clean　　emote　☐ PCR　☐ Temp

Robotic Arm

PCR

Temp. Control

IO Board

Location Learning

Pipetting Compensation

Workflow

图 4-45　"IO Board"调试选择界面

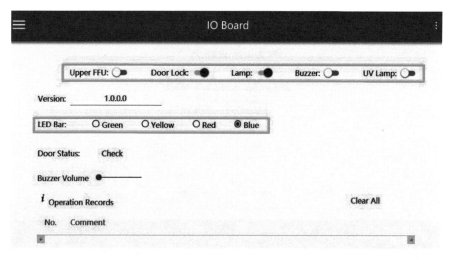

图 4-46　检查界面

4.2.2.8　温控模块测试

测试温控的准确性。

4.2.2.9　ODTC 测试

1. 下载软件压缩包"OVT 测试仪软件"并解压到桌面。

2. 打开 EUI，进入 PCR 调试界面，点击【OpenDoor】和【CloseDoor】，验证电脑与
PCR 仪是否连接正常（图 4-47）。

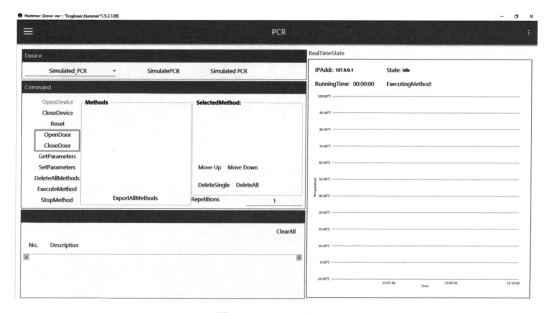

图 4-47　PCR 调试界面

3. 手动打开仓门（图4-48），使用内六角螺丝刀拆除密封盖，置于清洁位置（图4-49和图4-50）。

图 4-48　打开仓门示意图

图 4-49　封盖螺钉位置示意图

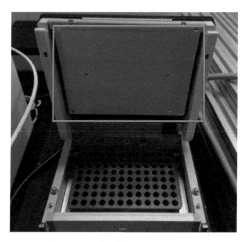

图 4-50　拆除封盖后示意图

4. 手动关闭 PCR 仪的仓门。

5. 在 PCR 调试界面点击【CloseDoor】（图 4-51）。

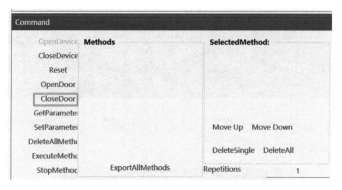

图 4-51　CloseDoor 选择界面

6. 移除 PCR 仪右侧的固定块，放置于清洁位置，待测试完毕后装回（图 4-52）。

图 4-52　固定块位置

7. 关闭 EUI。

8. 将 OVT 测试探头安装到 PCR 仪器温控模块上，将 OVT 测试探头线缆上的固定模块移动到刚才拆除的右侧方块处并安装，防止留下空隙。

9. 用 OVT 仪器自带的 USB 线，一端插入 OVT 仪器，一端连接电脑的 USB 接口（图 4-53 和图 4-54）。

图 4-53　OVT 仪器自带 USB 线插入位置示意图

图 4-54　连接电脑 USB 接口位置示意图

10. 在电脑上依次双击安装 OVT 控制软件（OVT 1.1.33 Setup. exe）和驱动（install-drivers-4.6.528.exe），均按默认路径安装（图 4-55）。

install-drivers-4.6.528.exe	883.5 KB	796.5 KB	应用程序	2017-11-21 15:21
Manual OVT Sept 2017.pdf	8.0 MB	7.5 MB	Foxit Reader PDF...	2017-11-21 15:23
OVT 1.1.33 Setup.exe	57.5 MB	55.9 MB	应用程序	2017-11-21 15:22

图 4-55　安装程序界面

11. 打开控制面板，将电脑的日期显示格式设置为 dd/MM/yyyy，并应用确定。
注意：时间格式必须如图 4-56 所示来设置，否则无法输出报告。

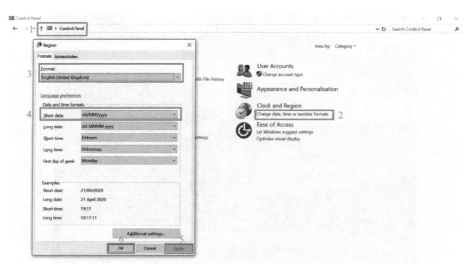

图 4-56　日期设置界面

12. 打开控制面板，关闭 Windows 系统防火墙（图 4-57）。

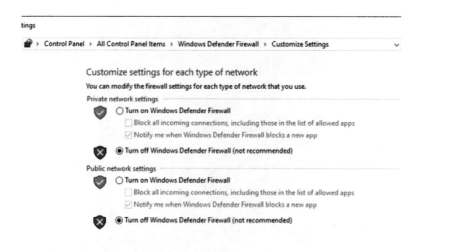

图 4-57　防火墙设置界面

13. 电脑桌面双击打开 OVT 控制软件（图 4-58）。
14. 打开控制软件后，软件会扫描电脑所有网络连接端口的设备（图 4-59）。

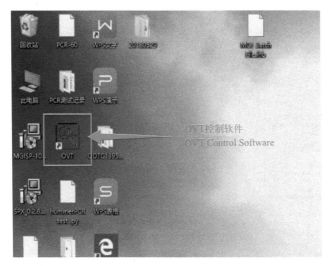

图 4-58　OVT 控制软件快捷方式

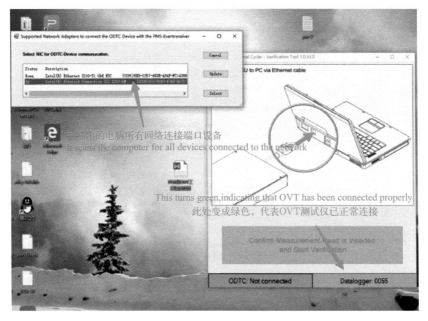

图 4-59　设备扫描界面

15. 将网络端口的页面最大化，并查看 PCR 仪器与电脑的连接端口，点击选择匹配的端口，点击 Select，进行 PCR 仪器与 OVT 测试仪的配对连接（图 4-60）。

16. 连接过程可能需要几分钟（如果长时间没有建立连接，则重新关闭打开 PCR 仪器的电源，重新打开 OVT 控制软件进行连接操作）。过程中会依次出现以下提示信息（图 4-61～图 4-63）。

17. 待 PCR 仪器连接成功（绿色表示连接成功），此时点击 "Confirm Measurement-Heat is inserted and Start Verification"，开始测试。开始测试时，PCR 仪器舱门会自动关闭，整个测试过程持续约 23 分钟（图 4-64 和图 4-65）。

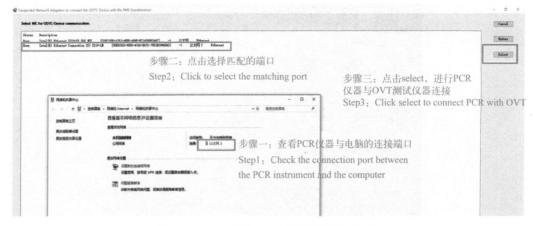

图 4-60　PCR 仪器与 OVT 测试仪配对连接

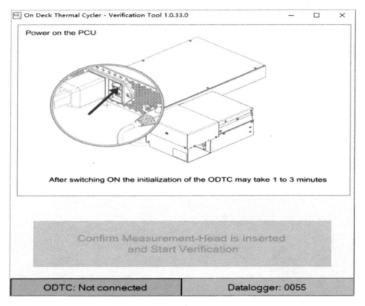

图 4-61　连接提示信息界面-1

18. 测试完成，仪器舱门自动打开，软件提示等待 2 分钟后再拿走测试探头（需注意此时测试探头温度较高，待其冷却后再拿走）（图 4-66）。

19. 探头冷却并拿走后，软件界面点击"确定"，进入报告输出页面。点击保存和输出报告（图 4-67）。

20. 在电脑 C 盘找到测试报告存档，根据测试日期及 PCR 仪器序列号找到对应的测试报告，查看测试结果是否合格（图 4-68）。

21. 若测试报告显示所有温度测试 Result 一栏均为"PASSED"，则证明仪器测试合格（图 4-69）；若有一项不合格，则仪器测试不合格。此时清洁测量孔、上盖及 OVT 测试探头，再重新测试一遍。

22. 仪器测试合格后，拆除 OVT 测试探头，并将先前拆下的右侧方块安装回去

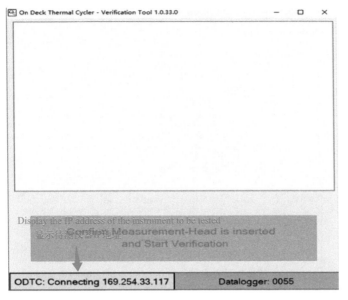

图 4-62　连接提示信息界面-2

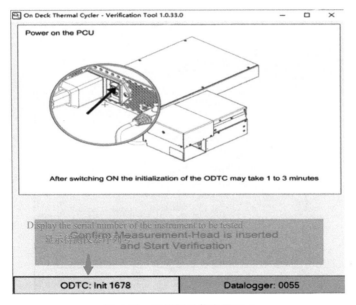

图 4-63　连接提示信息界面-3

（图 4-70）。

23. 安装密封盖，手动关闭舱门（图 4-71）。

24. 检测完成后，保存检测报告，卸载相关的软件及删除相关记录。收拾好 OVT 检测仪及相关线材。

25. 改回电脑的日期格式，打开 Windows 系统防火墙。

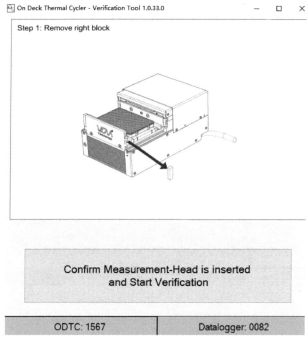

图 4-64   测试界面-1

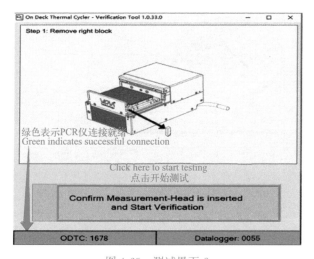

图 4-65   测试界面-2

4.2.2.10   位置检查

检查移液器在各个板位位置和磁力架位置的准确性。

4.2.2.11   气密性测试

1. 检查移液器适配器是否有明显的磨损或缺口。如果有，则需更换适配器。

2. POS2 放置一盒吸头，POS6 放置深孔板，在深孔板第 12 列加入 1 mL 水然后运行

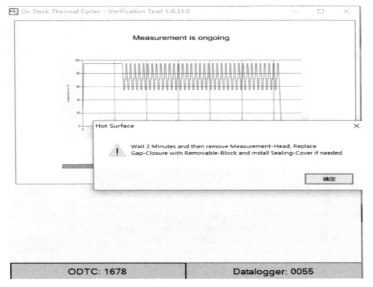

图 4-66　测试完成界面

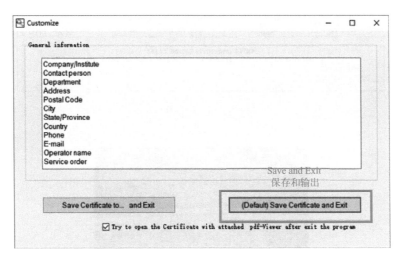

图 4-67　报告输出界面

图 4-68　测试报告位置

Airtightness Test. py 脚本（图 4-72）。

　　3. 要求吸头在 2 分钟内不挂滴（图 4-73）。

ODTC accuracy [°C]				
accuracy for S1 to S5 (average temperature)				
Set point [°C]	Min limit	Max limit	Measured value	Result
37	36.2	37.8	37.06	PASSED
55	54.4	55.6	55.09	PASSED
72	71.2	72.8	72.19	PASSED
95	93.9	96.1	95.16	PASSED

ODTC uniformity [K]			
average uniformity of S1 to S5 (max. temperature − min. temperature）			
Set point [°C]	Limit	Measured value	Result
37	0.4	0.04	PASSED
55	0.4	0.05	PASSED
72	0.4	0.06	PASSED
95	0.4	0.07	PASSED

ODTC precision [K]			
precision of S1 to S5 (average temperature)			
Set point [°C]	Max limit	Measured value	Result
55	0.6	0.07	PASSED
72	1	0.06	PASSED
95	1.6	0.08	PASSED

ODTC cooling rate [K/s]		
cooling rate from 95°C − 55°C (ΔT_{S1-S5} / Δt)		
Min limit	Measured value	Result
2	2.18	PASSED

ODTC heating rate [K/s]		
heating rate from 55°C − 95°C (ΔT_{S1-S5} / Δt)		
Min limit	Measured value	Result
4.2	4.40	PASSED

ODTC accuracy heated lid [°C]				
accuracy of Lid 1 to Lid 2 sensor (average temperature)				
Set point [°C] (ODTC 96 / 384)	Min limit	Max limit	Measured value	Result
110 / 115	108	111	109.59	PASSED

ODTC uniformity heated lid [K]			
average uniformity of L1 to L2 (max. temperature − min. temperature)			
Set point [°C] (ODTC 96 / 384)	Max limit	Measured value	Result
110 / 115	2	0.66	PASSED

图 4-69 测试报告

图 4-70 固定块位置示意图

4. 如果达不到要求：

（1）观察吸头与适配器之间是否有间隙。如果有，则需重新调整对应扎吸头位置的 Z 高度（图 4-74）。

（2）尝试拧紧适配器。如果仍然漏液，则需更换适配器。

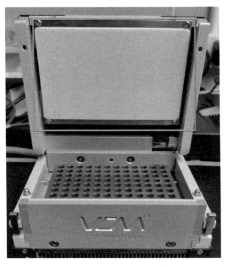

图 4-71　密封盖位置示意图

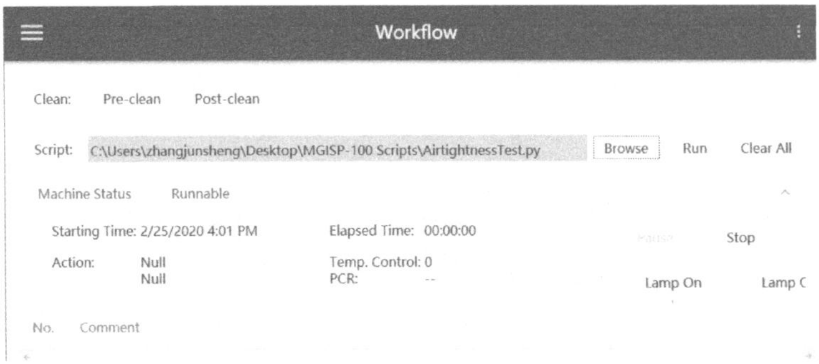

图 4-72　脚本导入界面

图 4-73　吸头位置示意图

4.2.2.12　水残留测试

通过水残留测试，在每个板位进行吸液和排液，从而验证每个板位的位置学习是否满足要求。

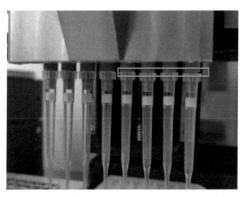

图 4-74　吸头与适配器位置示意图

要求为每个孔残留的液体需要小于 $2\mu L$。

4.2.3　相关记录

MGISP-100 系列预防性维护报告。

 习题

一、选择题

1. 下列关于自动化样本制备系统清洁的说法，错误的是（　　　）。

A. 用棉签蘸取消毒液，清洁仪器内操作平台上的各试剂管孔位内侧

B. 进行运行前期清洁时，需关闭 PCR 仪上盖

C. 自动化样本制备系统有风机过滤单元和紫外灯。每次运行之前和运行之后需执行前期清洁或后期清洁

D. 周清洁时，用 75% 浓度的酒精溶液润湿无尘纸，将仪器外壳、视窗、把手以及仪器内壁各擦拭一遍

2. 下列关于气密性测试，说法错误的是（　　　）。

A. 气密性测试前，需检查移液器适配器是否有明显的磨损或缺口

B. 如果存在吸头挂滴的情况，需检查吸头与适配器之间是否有间隙

C. 吸头与适配器之间存在间隙导致的漏液，需重新调整对应扎吸头位置的 Z 高度

D. 气密性测时，吸头在 2 分钟内允许出现少量挂滴

二、简答题

简述 IO 测试的基本流程。

第五章
自动化样本制备系统故障排查

🏅 **教学目标**

1. 了解常见故障及代码。
2. 熟悉仪器各个部件，并能根据实际故障进行处理，并完成部件的更换。

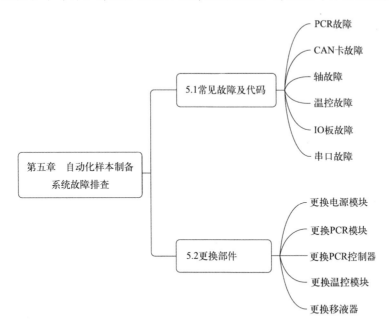

5.1　常见故障及代码

仪器常见故障及代码见表 5-1。

仪器常见故障及代码　　　　　　　　表 5-1

编号	故障名称	报错信息	原因分析	故障处理
1001	PCR 不接受 Reset 指令	Reset PCR error. PCR does not accept Reset command	PCR 状态不对或指示灯为红色,PCR 不在 Idle 状态下,接受 Reset 指令时失败	重启仪器电源,等 1 分钟后打开软件测试
1002	PCR Reset 超时	Reset PCR fail. Time out	PCR 状态不对或指示灯为红色,PCR 不在 Idle 状态下,接受 Reset 指令时失败	重启仪器电源,等 1 分钟后打开软件测试
1003	PCR Reset 3 次失败	Reset PCR 3 times;fail	PCR 状态不对或指示灯为红色,PCR 不在 Idle 状态下,接受 Reset 指令时失败	重启仪器电源,等 1 分钟后打开软件测试
1004	PCR 初始化失败	Call initialize PCR error, status	1. 打开软件过快; 2. PCR 故障	1. 重启软件; 2. 重启机器电源,等 1 分钟后打开软件初始化,如还不能成功,上报日志。可能需要更换 PCR
1005	PCR 初始化超时	Initialize PCR fail. Time out	PCR 不在 Idle 状态下,接受初始化指令	重启仪器电源,等 1 分钟后打开软件测试
1006	PCR IP 不存在	PCR ip not exist or PCR not ready	1. PCR 的网络端口接错; 2. PCR 的 IP 不匹配; 3. 没有设置 IP	1. 更换网络端口,并检查 IP; 2. 重新查找 PCR 的 IP,重新配置; 3. 重新配置 IP
1007	PCR 打开失败	【PCR name】Open() failed, you may retry Init later or try restarting the App	1. 软件打开太快; 2. PCR 不在 Idle 状态	1. 重启软件; 2. 重启机器电源,等 1 分钟后打开软件初始化
1008	PCR 网络连接错误	PCR maybe not exists in this network	重新启动电源,等 5 分钟开软件	重启仪器电源,等 1 分钟后打开软件测试
1009	PCR 复位失败	【PCR name】Reset() failed because the InError state can not be recovered, you may try restarting the App or the PCR	重新启动电源,等 5 分钟开软件	重启仪器电源,等 1 分钟后打开软件测试
1010	获取 PCR 状态失败	Get PCR status fail	重新启动电源,等 5 分钟开软件	重启仪器电源,等 1 分钟后打开软件测试
1011	PCR 不接受 Close Door 指令	Close Door PCR error. PCR does not accept Close Door command	1. 脚本在 PCR 运行时发送开门指令; 2. PCR 状态不对	1. 修正脚本逻辑; 2. 检查 PCR 状态,重启
1012	PCR Close Door 超时	Close Door PCR fail. Time out	1. 门轨道四周有异物; 2. 热盖胶垫脱落; 3. 通信异常; 4. PCR 状态不对	1. 清除异物; 2. 更换胶垫; 3. 检查通信; 4. 重启电源和软件
1013	PCR 不接受 Open Door 指令	Open Door PCR error. PCR does not accept Open Door command	1. 脚本在 PCR 运行时发送开门指令; 2. PCR 状态不对	1. 修正脚本逻辑; 2. 重启设备电源

续表

编号	故障名称	报错信息	原因分析	故障处理
1014	PCR Open Door 超时	Open Door PCR fail. Time out	1. 门轨道四周有异物； 2. 热盖胶垫脱落； 3. 通信异常； 4. PCR 状态不对	1. 清除异物； 2. 更换胶垫； 3. 检查通信； 4. 重启电源和软件
1015	PCR 状态 错误， Set Parameters 失败	Set Parameters() failed，Device State =	PCR 在忙碌或错误的状态	重启仪器电源，等 1 分钟后打开软件测试
1016	PCR 拒绝 Set Parameters 的指令	Set Parameters PCR error. PCR does not accept Set Parameters command	PCR 在忙碌或错误的状态	重启仪器电源，等 1 分钟后打开软件测试
1017	PCR Set Parameters 超时	Set Parameters PCR fail. Time out：	PCR 在忙碌或错误的状态	重启仪器电源，等 1 分钟后打开软件测试
1018	PCR 在 Set Parameters 时并 未处于 Idle 状态	Set Parameters fail. Set PCR parameters（write methods）just be done in Idle status. But current status is	PCR 在忙碌或错误的状态	重启仪器电源，等 1 分钟后打开软件测试
1019	PCR 拒绝 Get Parameters 的指令	Get Parameters PCR error. PCR does not accept Get Parameters command	PCR 在忙碌或错误的状态	重启仪器电源，等 1 分钟后打开软件测试
1020	PCR Get Parameters 超时	Get Parameters PCR fail. Time out：	PCR 在忙碌或错误的状态	重启仪器电源，等 1 分钟后打开软件测试
1021	PCR 读取 温度时报错	Read Actual Temperature error	1. 通信故障； 2. PCR 故障	1. 检查网线连接，重启设备，用 PCR 调试界面单独运行温度程序观察温度曲线； 2. 重启设备测试，如不复现可继续使用。如问题再复现，更换 PCR
1022	PCR 因为状 态不对无法 运行温度 程序	Can't be Execute Method. But now the state is：	1. 通信故障； 2. PCR 故障	1. 检查网线连接，重启设备，用 PCR 程序检查； 2. 更换 PCR
1023	PCR 运行温 度程序超时	Execute Method PCR fail. Time out：	1. 通信故障； 2. PCR 故障	1. 检查网线连接，重启设备，用 PCR 调试界面单独运行温度程序观察温度曲线； 2. 重启设备测试，如不复现可继续使用。如问题再复现，更换 PCR
1024	PCR 因为状 态不对无 法运行停止	Can't be Stop Heating PCR. But now the state is：	PCR 状态异常	重启仪器电源，等 1 分钟后打开软件测试

编号	故障名称	报错信息	原因分析	故障处理
1025	PCR 运行停止超时	Stop Heating PCR fail. Time out：	发送停止指令超时没收到反馈	使用 PCR 调试界面单独运行温度程序检查,如有故障更换 PCR
1026	PCR 程序没有导入	Requested method 'xxx' not found	运行的 PCR 程序没有导入	在 PCR 调试界面重新导入要运行的 PCR 程序
1027	PCR 温度没有衔接上	Start Block Temperature doesn't match last Post Heating or PreMethod taraget Temperature	上一程序的结束温度和当前运行的程序温度没有连接上	脚本修正
1028	运行目标程序前没有前置温度	Pre Method or Post Heating is required	1. 没有运行 START 程序; 2. 上一温度程序设置错误	1. 脚本修正; 2. PCR 脚本和程序脚本修正
2001	轴没到达预定位置就停止	Axis not reached yet, but stopped (acute speed is zero)	发生急停	重新初始化各轴
2001	轴的电流值不对	Axis current should be located in [0,255]	1. 操作问题; 2. 电机问题	1. 重新初始化; 2. 更换电机
2001	CAN 卡通信失败	Send data error（via CAN）：{can. Read ErrInfo()}	1. 线路接触不良; 2. CAN 卡故障	1. 检查 CAN 卡连接; 2. 更换 CAN 口卡
2001	CAN 卡通信失败	Send data error（via CAN）. May not send completely	1. 线路接触不良; 2. CAN 卡故障	1. 检查 CAN 卡连接; 2. 更换 CAN 口卡
2001	CAN 卡通信失败	Unknow return value	1. 线路接触不良; 2. CAN 卡故障	1. 检查 CAN 卡连接; 2. 更换 CAN 口卡
2001	XYZ 的值没有赋予	Must include X & Y & Z, not have {_axisDict. Keys}	Config 文件不全	Config 文件中某个位置参数的 XYZ 信息不全
2001	脚本中错误,电机动作方式不对	Not support {type}. Just can be {MoveType. ABS} & {Move-Type. REL}	脚本错误,电机动作方式不对	脚本中移动方式的问题
2001	找不到某个轴	Can't find {n}, check robot. json	找不到某个轴	robot 配置文件内容缺失
2001	轴参数不对	Axis must be in {Hands. Keys}	轴参数不对	robot 配置文件不对
2001	轴超限	{axis. Name} accuracy check fail：{span}, allowed {axis. Allowed Deviation}	1. 超过限位; 2. 线接触不良; 3. 有螺钉没拧紧; 4. 同步带松动	1. 位置不对,重新调节; 2. 排查接线; 3. 拧紧螺钉; 4. 调节同步带
3001	温度名称不存在	{tempName} is not exist in {JsonConfigReader. FindConfigFromTarget(Path)}	1. 脚本写了温控不存在的名字; 2. 配置文件没有配置好温控名称	1. 检查温控; 2. 修改配置文件
3002	温控打开错误	{tempName}. Open temperature error	1. 串口线未连接; 2. 串口线或电源线松动; 3. 端口号配置错误; 4. 温控固件版本错误; 5. 温控模块故障	1. 重启电源检测; 2. 连接串口线; 3. 重新检查接线; 4. 重新配置端口号; 5. 重新烧录固件; 6. 更换温控模块

续表

编号	故障名称	报错信息	原因分析	故障处理
3003	温控关闭错误	{tempName}. Close temperature error:	1. 串口线或电源线松动； 2. 操作错误； 3. 温控故障	1. 重启电源检测； 2. 检查线材； 3. 重启温控测试； 4. 更换温控模块
3004	停止温控错误	{tempName}. Stop temperature controller error: {ex. Message} ", ex);	1. 串口线或电源线松动； 2. 操作错误； 3. 温控故障	1. 检查线材； 2. 重启温控测试； 3. 更换温控模块
3005	目标温度超过限制范围	{tempName}. Target temp out of range. 　Allowed {config. MinTemp}, {config. MaxTemp}	脚本设置的温度超出范围	脚本修正
3006	温控 SetTemp 时获取数据超时	{tempName}. Temprature SetTemp ( ) receive data time out ({config. RevTimeOut}s)");	1. 串口线或电源线松动； 2. 端口号配置错误； 3. 温控固件版本错误； 4. 温控故障	1. 重启电源测试； 2. 重新检查接线； 3. 重新配置端口号； 4. 重新烧录固件； 5. 更换温控
3007	温控 EnableTC 温度获取超时	{tempName}. Temprature EnableTC ( ) receive data time out ({config. RevTimeOut}s)");	1. 串口线或电源线松动； 2. 端口号配置错误； 3. 温控固件版本错误； 4. 温控故障	1. 重启电源测试； 2. 重新检查接线； 3. 重新配置端口号； 4. 重新烧录固件； 5. 更换温控
3008	温控 RequireVersion 超时	{tempName}. Temprature RequireVersion ( ) receive data time out ({config. RevTimeOut}s)");	1. 串口线或电源线松动； 2. 端口号配置错误； 3. 温控固件版本错误； 4. 温控故障	1. 重启电源测试； 2. 重新检查接线； 3. 重新配置端口号； 4. 重新烧录固件； 5. 更换温控
3009	温控 SetPIDParam 超时	{tempName}. Temprature SetPIDParam() receive data time out ({config. RevTimeOut}s)");	1. 串口线或电源线松动； 2. 端口号配置错误； 3. 温控固件版本错误； 4. 温控故障	1. 重启电源测试； 2. 重新检查接线； 3. 重新配置端口号； 4. 重新烧录固件； 5. 更换温控
3010	温控 SetTargetRange 超时	{tempName}. Temprature SetTargetRange() receive data time out ({config. RevTimeOut}s)");	1. 串口线或电源线松动； 2. 端口号配置错误； 3. 温控固件版本错误； 4. 温控故障	1. 重启电源测试； 2. 重新检查接线； 3. 重新配置端口号； 4. 重新烧录固件； 5. 更换温控
3011	温控 GetPIDParam 超时	{tempName}. Temprature GetPIDParam() receive data time out ({config. RevTimeOut}s)");	1. 串口线或电源线松动； 2. 端口号配置错误； 3. 温控固件版本错误； 4. 温控故障	1. 重启电源测试； 2. 重新检查接线； 3. 重新配置端口号； 4. 重新烧录固件； 5. 更换温控
3012	温控 GetTargetRange 超时	{tempName}. Temprature GetTargetRange() receive data time out ({config. RevTimeOut}s)");	1. 串口线或电源线松动； 2. 端口号配置错误； 3. 温控固件版本错误； 4. 温控故障	1. 重启电源测试； 2. 重新检查接线； 3. 重新配置端口号； 4. 重新烧录固件； 5. 更换温控

编号	故障名称	报错信息	原因分析	故障处理
3013	温控 GetTargetTemp 超时	{tempName}. Temprature Get-TargetTemp ( ) receive data time out ({config. RevTimeOut}s)");	1. 串口线或电源线松动; 2. 端口号配置错误; 3. 温控固件版本错误; 4. 温控故障	1. 重启电源测试; 2. 重新检查接线; 3. 重新配置端口号; 4. 重新烧录固件; 5. 更换温控
3014	温控 Fan 获取数据超时	{tempName}. Temprature Fan ({state. ToString ( )}) re-ceive data time out ({config. RevTimeOut}s)");	1. 串口线或电源线松动; 2. 端口号配置错误; 3. 温控固件版本错误; 4. 温控故障	1. 重启电源测试; 2. 重新检查接线; 3. 重新配置端口号; 4. 重新烧录固件; 5. 更换温控
3015	温控的 Mapping 头部温控名称错误	{tempName}. First row can not find contain {tempName} cluomn in {Map-pingTablePath}");	映射表格式错误	检查温度补偿映射表
3016	温控的 Mapping 错误	{tempName}. Read {Mapping-TablePath} error-{ex. Message}", ex);	映射表格式错误	检查温度补偿映射表
3017	温控 Query 获取温度数据超时	{tempName}. Temprature Que-ry ( ) receive data time out ({config. RevTimeOut}s)");	1. 串口线或电源线松动; 2. 端口号配置错误; 3. 温控固件版本错误; 4. 温控故障	1. 重启电源测试; 2. 重新检查接线; 3. 重新配置端口号; 4. 重新烧录固件; 5. 更换温控
3018	温控软件发送指令失败	{tempName}. Temperature controller send data error: {ex. Message}", ex);	1. 串口线未连接; 2. 串口线接错硬件设备; 3. 串口线或电源线松动; 4. 端口号配置错误; 5. 温控固件版本错误; 6. 温控故障	1. 重启电源测试; 2. 重新检查接线; 3. 重新配置端口号; 4. 重新烧录固件; 5. 更换温控
4001	关闭 IO 板卡报错	Close IO board error	1. 串口线未连接; 2. 串口线松动; 3. 端口配置错误; 4. IO 固件版本错误; 5. IO 板故障; 6. 串口线故障	1. 连接串口线; 2. 重连串口线; 3. 重新配置端口; 4. 重新烧录固件; 5. 更换 IO 板; 6. 更换串口线
4002	打开 IO 板卡报错	Open IO board error	1. 串口线未连接; 2. 串口线松动; 3. 端口配置错误; 4. IO 固件版本错误; 5. IO 板故障; 6. 串口线故障	1. 连接串口线; 2. 重连串口线; 3. 重新配置端口; 4. 重新烧录固件; 5. 更换 IO 板; 6. 更换串口线
4003	IO 通信的数据包丢失	Receive data lose: crc error	1. 串口线未连接; 2. 串口线松动; 3. 端口配置错误; 4. IO 固件版本错误; 5. IO 板故障; 6. 串口线故障	1. 连接串口线; 2. 重连串口线; 3. 重新配置端口; 4. 重新烧录固件; 5. 更换 IO 板; 6. 更换串口线

续表

编号	故障名称	报错信息	原因分析	故障处理
4004	IO 通信响应错误	IO board response error	1. 串口线未连接； 2. 串口线松动； 3. 端口配置错误； 4. IO 固件版本错误； 5. IO 板故障； 6. 串口线故障	1. 连接串口线； 2. 重连串口线； 3. 重新配置端口； 4. 重新烧录固件； 5. 更换 IO 板； 6. 更换串口线
4005	IO 通信响应错误	IO board result error	1. 串口线未连接； 2. 串口线松动； 3. 端口配置错误； 4. IO 固件版本错误； 5. IO 板故障； 6. 串口线故障	1. 连接串口线； 2. 重连串口线； 3. 重新配置端口； 4. 重新烧录固件； 5. 更换 IO 板； 6. 更换串口线
4006	IO 发送数据失败	IO board send data error	1. 串口线未连接； 2. 串口线松动； 3. 端口配置错误； 4. IO 固件版本错误； 5. IO 板故障； 6. 串口线故障	1. 连接串口线； 2. 重连串口线； 3. 重新配置端口； 4. 重新烧录固件； 5. 更换 IO 板； 6. 更换串口线
4007	IO 获取数据超时	IO board receive data time out	1. 串口线未连接； 2. 串口线松动； 3. 端口配置错误； 4. IO 固件版本错误； 5. IO 板故障； 6. 串口线故障	1. 连接串口线； 2. 重连串口线； 3. 重新配置端口； 4. 重新烧录固件； 5. 更换 IO 板； 6. 更换串口线
8003	COM1 串口打开失败	COM1 open failed	1. 软件打开两次； 2. 打开其他软件占用 COM1	1. 关闭软件； 2. 关闭其他软件； 3. 重启电脑

5.2 更换部件

5.2.1 更换电源模块

操作步骤如下：

1. 断开仪器电源，拆卸后盖板和右侧盖板。移除废料桶并拆下固定温控模块风道的螺钉（图 5-1）。

图 5-1 风道固定螺钉

2. 断开温控模块的电源连接线（图5-2）。

3. 拆下固定电源模块的四颗螺钉（图5-3）。

图 5-2　温控模块电源线　　　　　　　　　　　　图 5-3　电源模块螺钉

4. 断开电源模块连接线（图5-4）。

5. 更换新的电源模块，按上述相反的步骤安装仪器。

验证：

更换后打开工程师软件，检查机器 XYZ 轴是否正常复位。

5.2.2　更换 PCR 模块

1. 断开仪器电源，移除后盖板。断开 PCR 控制线（图5-5）。

图 5-4　电源连接线　　　　　　　　　　　　图 5-5　PCR 控制线

2. 拆除 POS4 的盖板的定位块（图5-6）。

3. 拆下固定 POS4 盖板的螺钉（图5-7）。

4. 拆下固定 PCR 仪风道的螺钉，拆下风道（图5-8）。

5. 拆下固定 PCR 的三颗螺钉（图5-9）。

6. 将 PCR 仪器从后面取出，拆下其底板（图5-10）。

7. 更换新的 PCR 仪。按上述相反的步骤安装仪器。

8. PCR 仪器位置校准。

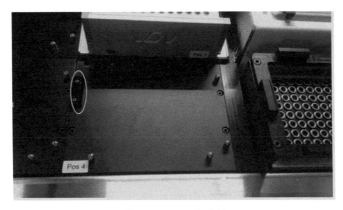

图 5-6　POS4 定位块

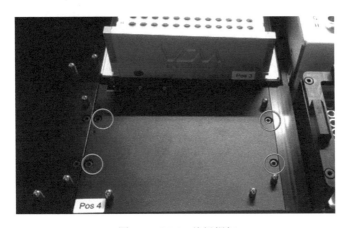

图 5-7　POS4 盖板螺钉

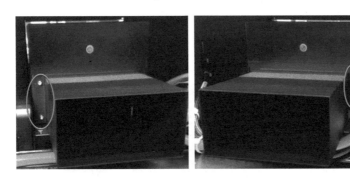

图 5-8　PCR 仪风道螺钉

验证：

1. 在 POS3 放置一块 PCR 板。

2. 在 POS6 放置一块 96 孔深孔板，并在最后一列加 1 mL 的水。

3. 打开工程师软件，点击左上角按钮打开调试项目菜单，选择流程运行，打开流程运行界面。在此界面运行 POS3.py 脚本文件。

4. 运行完成后，测试 POS3 残留液体的体积，小于 2 μL 为合格。

图 5-9　PCR 仪底板的螺钉

图 5-10　PCR 仪底板的螺钉

5.2.3　更换 PCR 控制器

1. 断开仪器电源，移除后盖板。断开 PCR 控制线、PCR 控制器电源线、网线(图 5-11)。

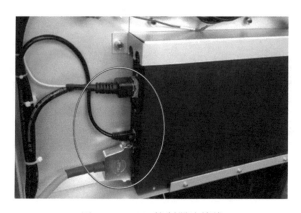

图 5-11　PCR 控制器连接线

2. 拆下固定 PCR 控制器的螺钉，移除 PCR 控制器固定板（图 5-12）。

3. 更换新的 PCR 控制器。按上述相反的步骤安装仪器。

4. 在 C：\ MGISP-100 \ Engineer 路径下，打开软件 DeviceFinder。软件将自动查找

PCR 控制器的 IP 地址（图 5-13）。

图 5-12 PCR 控制器固定板和螺钉

图 5-13 查找 PCR 的 IP 地址的界面

5. 设置计算机的 IP 地址，确保计算机的 IP 最后一节数字与 PCR 控制器 IP 的最后一节数字不同（图 5-14）。

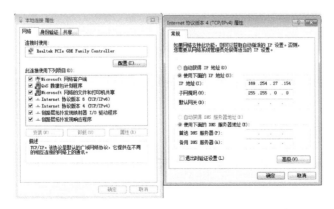

图 5-14 计算机 IP 地址设置界面

6. 将计算机和 PCR 的 IP 地址输入工程师软件的 PCR 调试界面中，并点击 WriteTo-Config（图 5-15）。

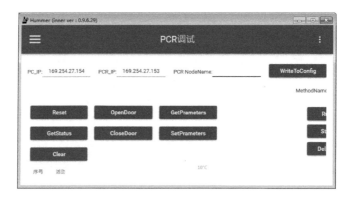

图 5-15 计算机和 PCR 的 IP 地址设置界面

7. 重启软件。

8. 验证测试：在工程师软件的 PCR 调试界面，测试 PCR 盖是否能正常打开或关闭。

9. PCR 脚本导入：打开 PCR 调试界面，点 SetParameters 按钮，在弹出的界面选中路径选中需要导入的脚本（图 5-16）。

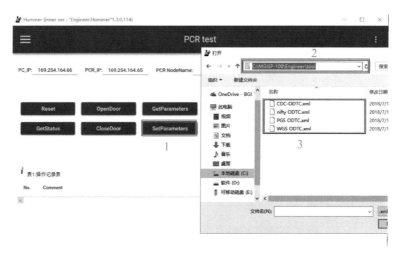

图 5-16 导入脚本的界面

10. 导入完成后，在 PCR 调试界面点 GetParameter 按钮，如果导入成功会显示导入的 Methods 的名字（图 5-17）。

5.2.4 更换温控模块

1. 断开仪器电源，拆下右侧盖板和后盖板。移除废料桶，拆下固定温控模块风道的螺钉（图 5-18）。

2. 拆下温控模块电源线和串口线（图 5-19）。

3. 拆下固定温控模块的螺钉，取出温控模块（图 5-20）。

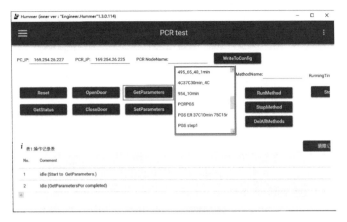

图 5-17 确认脚本界面

图 5-18 温控模块风道螺钉

图 5-19 温控电源线和串口线

图 5-20 温控模块螺钉

4. 更换新的温控模块，按上述相反的步骤安装仪器。

5. 对 POS5 进行位置校准。

6. 在 C：\ MGISP-100 \ Engineer \ Config 路径下替换新的 tempMapping. csv 文件。

5.2.5 更换移液器

1. 拆下固定移液器的两颗螺钉。断开移液器控制线和接地线（图 5-21）。

图 5-21 移液器连接线和螺钉

2. 更换新的移液器模块。按上述相反的步骤安装仪器。

移液器更换好后，需对移液器进行校准。

对移液器进行水平检测

（1）在 POS2 放置移液器校准块（图 5-22）。

图 5-22 POS2 放置校准块

（2）打开工程师软件，点击左上角按钮打开在调试项目菜单，选择位置学习，打开位置学习界面（图 5-23）。

（3）点击 Pos 下拉箭头，选择 POS2，点击起点（X/Y）右侧的"移动到"，将移液器移到移液器校准块上方。

（4）将 Z 轴缓慢下降，直至移液器吸头和移液器校准块的间隙小于 0.1 mm。不能塞过 0.1 mm 的塞规为合格（图 5-24）。

（5）点击复位，将 XYZ 轴恢复到初始位置。

（6）位置校准：请参照位置校准说明。

（7）气密性测试：请参照气密性测试说明。

（8）水残留验证测试：请参照水残留验证测试说明。

图 5-23　位置学习界面

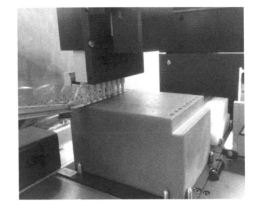

图 5-24　POS2 平整度检查

 习题

一、选择题

下列关于仪器常见故障及处理方式，做法错误的是（　　　）。

A. PCR 初始化失败，可能是由于打开软件过快

B. PCR 初始化失败，可能是 PCR 仪器故障

C. PCR 初始化失败，可能是 PCR 仪器的网络端口接错

D. PCR 初始化失败时，可重启机器电源，等 1 分钟后打开软件初始化，如还不能成功，上报故障日志，可能需要更换 PCR

二、简答题

1. 出现 PCR Reset 超时故障时，应如何处理？

2. 简述更换 PCR 控制器的主要步骤。

附录

一、实验室管理要求及规范

1. 实验人员应严格掌握、认真执行相关实验室的安全制度、仪器管理、化学试剂管理、生物制品管理、玻璃器皿管理制度等相关要求。

2. 进入实验室须穿工作服，非实验室人员不得进入实验室，进入实验室的人员需严格执行安全操作规程。

3. 实验室内要经常保持清洁卫生，每天应进行清扫整理，实验室桌柜等表面应每天用消毒液擦拭，保持无尘，杜绝污染。

4. 实验室应井然有序，物品摆放整齐、合理，并有固定位置，不可随意移动。禁止在实验室吸烟、进餐、会客、喧哗，或将实验室作为学习娱乐场所。

5. 随时保持实验室卫生，不得乱扔纸屑等杂物，测试用过的废弃物要倒在固定的箱桶内，并及时处理。

6. 试剂应定期检查并有明晰标签，仪器应定期检查、保养、检修。各种器材应建立取用消耗记录；仪器设备应填写使用记录；破损遗失应填写报告，药品、器材等未经批准不得擅自外借或转让，更不得私自拿出。

7. 进行高压、干烤、消毒等工作时，工作人员不得擅离现场，要认真观察温度、时间、压力等。

8. 严禁用口直接吸取药品和菌液。按无菌操作时，如发生菌液等溅出时，应立即用有效消毒剂进行彻底消毒，安全处理后方可离开现场。

9. 实验完毕，及时清理现场和实验用具，对于有毒、有害、易燃、腐蚀的物品和废弃物应按有关要求执行；两手用肥皂清水洗净，必要时用消毒液泡手，然后用水冲洗；工作服应经常清洗，保持整洁，必要时高压消毒。

10. 离开实验室前，尤其节假日，应认真检查水、电、气、汽和正在使用的仪器设备，关好门窗方可离去。

二、常用维修工具

为了保障仪器的正常运行，仪器的维修与保养是必不可少的。对于工程师而言，熟练地使用维修工具能帮助快速定位故障原因，并且提高工作效率。

（一）维修工具清单

常用维修工具清单见附表1。

常用维修工具清单 附表1

类别 （Category）	名称 （Name）	单位 （Unit）	数量 （Quantity）	备注 （Remarks）
流体工具 Fluid	管帽扳手1# Cap Wrench 1#	EA	1	Customized 6-40
	管帽扳手2# Cap Wrench 2#	EA	1	Customized 6-40
	管帽扳手3# Cap Wrench 3#	EA	1	Customized 1/4-28
	管路扳手1# Pipe Wrench 1#	EA	1	Customized，both side 6-40,1/4-28
	管路扳手2# Pipe Wrench 2#	EA	1	Customized 1/4-28
	流体扳手 Fluid Wrench	EA	1	
	切管刀 Pipe Cutter	EA	1	IDEX A-327&328
	生料带 Raw material belt			NO.95S 0.1mmx13mmx15m
长度测量工具 Length	游标数显卡尺 Cursor digital caliper	EA	1	Mitutoyo 0-150mm(500-196-30)
	卷尺 Tape Measure	EA	1	STANLEY STHT33158-8
水平测量工具 Level	气泡水平仪 Bubble Leveler	EA	1	
温度测量 Temperature	温湿度计 Thermometer	EA	1	Xiaomi LYWSDCGQ
	数字温度计1# Thermometer 1#	EA	1	FLUKE 52-II
	数字温度计2# Thermometer 2#	EA	1	PT1000 待定(To be determined)
	温度探头1# Probe 1#	EA	2	OMEGA K 1m
	温度探头2# Probe 2#	EA	1	PT1000
电路工具 Circuit	数字万用表 Multimeter	EA	1	FLUKE 17B+
	万用表尖表笔 Multimeter tip meter			A18-J PVC
光学工具 Optics	平台内六角扳手 Allen Wrench	EA	1	EIGHT M-8Z
	内六角螺丝刀1# Hexagon Screwdriver 1#	EA	1	EIGHT D-1.3(1.27mm,0.05")
	内六角螺丝刀2# Hexagon Screwdriver 2#	EA	1	EIGHT 0.89mm,0.035"
	相机调节工装 Camera Adjustment	EA	1	Customized Drawing
	平台调平工具 Platform Level	EA	2	Customized Drawing
	激光功率计 Dynamometer	EA	1	THORLABS PM16-130
	准直筒 Collimation	EA	1	Customized MLOptic

续表

类别 (Category)	名称 (Name)	单位 (Unit)	数量 (Quantity)	备注 (Remarks)
光学工具 Optics	红光眼镜　Red Goggles	EA	1	Eagle Pair　580-660nmOD2.5CE
	绿光眼镜　Green Goggles	EA	1	Eagle Pair　520-590OD2.5CE
	镜头棉签　Lens swab	EA	1	003　BB-013
	精密垫片　Precision gasket	EA	1	Feintool H+S 304 0.1mm×12.7mm×5000mm
	擦镜布　Mirror cloth	EA	1	VSGO 10x10cm40piece+cleaning solution
行旅工具 Travel	工具箱　Toolbox	EA	1	PELICAN　AIR1535

（二）工具中的公制与英制

1. 定义

公制是一种完全创新的单位制度。它根基于科学的原则，且满足日益频繁的商业活动和科学研究的需求。

公制单位在早期有两个重要的发展原则：

第一项原则是要十进位以便计算。就十进位而言，两单位间的换算只要用十的倍数换算即可，可降低其复杂性。

第二项原则是要以一般人普遍可接受之基本单位，以逻辑演算导出其他的单位来，如长度为一般人最易接受之单位，体积单位相当于边长的三次方，而边长单位为长度，故体积单位是边长的三次方。

英制是英国、美国等英语国家使用的一种度量制。其长度主单位为英尺，重量主单位为磅，容积主单位为加仑，温度单位为华氏度。

2. 公制与英制的换算（附表2和附表3）

$$1 \text{ inch} = 2.54 \text{ cm}$$
$$1 \text{ pound} = 0.4536 \text{ kg}$$
$$华氏度 = 摄氏度 \times 9 \div 5 + 32 = 摄氏度 \times 1.8 + 32$$

公制和英制单位　　　　　　　　　　　附表2

英寸(inch)	毫米(mm)	英寸(inch)	毫米(mm)
1/4	6.35	5/16	7.9375
3/8	9.525	7/16	11.1125
1/2	12.7	9/16	14.2875
19/32	15.08125	5/8	15.875
11/16	17.4625	3/4	19.05
25/32	19.84275	13/16	20.6375
7/8	22.225	15/16	23.8125

六角匙配对各种螺钉规格表　　　　　　　　附表 3

英制六角匙	英制杯头	英制机米	公制六角匙	公制杯头	公制机米	公制平圆杯
			0.9		2	
			1.3		2.5	2
1/16		1/8	1.5	2	3	2.5
5/64		5/32	2.0	2.5	4	3
3/32	1/8	3/16	2.5	3	5	4
1/8	5/32	1/4	3.0	4	6	5
5/32	3/16	5/16	4.0	5	8	6
3/16	1/4	3/8	5.0	6	10	8
7/32	5/16		6.0	8	12	10
5/16	3/8	5/8	8.0	10	16	12
3/8	7/16		10.0	12	20	16
3/8	1/2	3/4	12.0	14		
1/2	5/8		14.0	16/18		
9/16	3/4		17.0	20/22		
5/8	7/8		19.0	24		
3/4	1		22.0	30		
1/4		1/2	27.0	36		

3. 常见的公制工具和英制工具（附图 1 和附图 2）

附图 1　公制工具　　　　　　　　　　　附图 2　英制工具

三、维修工具简介

以下列表中的工具均为维修过程中的常用工具（附表4）。

维修工具及图示　　　　　　　　　　　　　　　　　　附表4

名称	图示	名称	图示
公制内六角扳手		美工刀	
英制内六角扳手		清洁气吹	
活动扳手1#		强磁吸笔	
活动扳手2#		电工胶布	
万向套筒扳手		高温胶布	
一字螺丝刀1#		润滑剂	
一字螺丝刀2#		注射器	
陶瓷一字螺丝刀		电烙铁	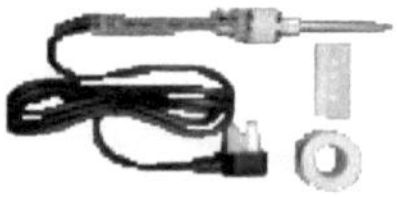
十字螺丝刀		手电筒	
斜口钳		T型内六角扳手	
尖嘴钳			

（一）螺丝刀

螺丝刀是一种用来拧转螺钉以使其就位的常用工具，通常有一个薄楔形头，可插入螺钉头部的槽缝或凹口内（附图3）。

螺丝刀的种类很多，按照头部形状的不同，可分为一字螺丝刀、十字螺丝刀；按照手柄的材料和结构的不同，可分为木柄、塑料柄、夹柄和金属柄等四种；按照操作形式，可分为手动和电动等形式。

使用注意事项：

1. 在使用螺丝刀拆装螺钉时，把螺丝刀垂直地定在螺钉的头部上，一边用力地顶压着，一边转动螺丝刀。

2. 根据旋紧或松开的螺钉头部的槽宽和槽型选用适当的螺丝刀；不能用较小的螺丝刀去旋拧较大的螺钉，否则容易损坏螺钉的凹槽，从而导致螺钉无法拆装。

附图 3　螺丝刀

3. 不可用锤击螺丝刀手柄端部的方法，撬开缝隙或剔除金属毛刺及其他的物体。

4. 不可在螺丝刀手柄与起子口处用扳手或钳子来增加扭力，以防起子弯曲损坏。

5. 不可斜着拧螺钉，以免把螺钉的头部拧坏。

6. 在拆卸螺钉时，若螺钉很紧，不要硬去拆卸，应先按顺时针方向拧紧螺钉，让螺钉先松动，再逆时针拧下螺钉。

7. 在装配螺钉时，不要装一个就拧紧一个，应注意在全部螺钉装上后，再把对角方向的螺钉均匀拧紧。

（二）扳手

1. 活动扳手

活动扳手也叫可调扳手，适用于尺寸不规则的螺栓、螺母，它能在一定范围内任意调节开口尺寸。

活动扳手由固定钳口和可调钳口两部分组成，扳手的开度大小可通过调节螺杆进行调整。

使用注意事项：

（1）使用活动扳手前，应先将活动扳手调整合适，使其钳口与螺栓、螺母两对边完全贴紧，不应存在间隙。

（2）使用时，要使活动扳手的可调钳口部分受推力，固定钳口受拉力，保证螺栓、螺母及扳手本身不被损坏。如果不按照这种方法转动扳手，则会使压力作用在调节螺杆上，在施力时促使钳口变大，从而损坏螺栓、螺母和扳手本身。

（3）严禁在扳手上随意加装套管或锤击活动扳手。

（4）禁止将活动扳手当作锤子来使用，这样会使活动扳手损坏。

（5）不要使用活动扳手来完成大扭矩的紧固或拧松。由于活动扳手的钳口不固定，在进行大扭矩紧固时会损坏螺栓棱角。

2. 内六角扳手

内六角扳手也叫艾伦扳手。常见的英文名称有"Allen Key"（或 Allen Wrench）和

"Hex Key"（或 Hex Wrench）。名称中的"Wrench"表示"扭"的动作，它体现了内六角扳手和其他常见工具（比如一字螺丝刀和十字螺丝刀）之间最重要的差别，它通过扭矩施加对螺钉的作用力，大大降低了使用者的用力强度。

使用注意事项：

在使用六角扳手时，如果用公制工具拧英制螺钉或用英制工具拧公制螺钉，会导致对螺钉或工具的损伤。

（三）长度测量工具

常见的长度测量工具见附表5。

常见的长度测量工具名称及图示　　　　　　　　　　附表 5

工具名称	图示
游标数显卡尺	
卷尺	

（四）万用表

万用表是一种带有整流器的，可以测量交、直流电流、电压及电阻等多种电学参量的磁电式仪表，是我们售后工程师最常用的必备工具仪表之一。万用表是由磁电系电流表（表头）、测量电路和选择开关等组成的（附图4）。通过选择开关的变换，可方便地对多种电学参量进行测量。

附图 4　万用表

常见的万用表有指针式万用表和数字式万用表。指针式万用表是以表头为核心部件的多功能测量仪表，测量值由表头指针指示读取；数字式万用表的测量值由液晶显示屏直接以数字的形式显示，读取方便，有些还带有语音提示功能。

下面以 Fluke17B＋为例说明数字万用表的使用方式。

以下为万用表上各按键说明及测试举例。

1. 接线端

万用表接线端按键对应的说明见附图5。

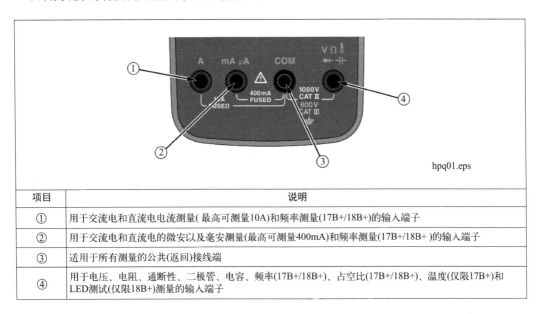

hpq01.eps

项目	说明
①	用于交流电和直流电电流测量(最高可测量10A)和频率测量(17B+/18B+)的输入端子
②	用于交流电和直流电的微安以及毫安测量(最高可测量400mA)和频率测量(17B+/18B+)的输入端子
③	适用于所有测量的公共(返回)接线端
④	用于电压、电阻、通断性、二极管、电容、频率(17B+/18B+)、占空比(17B+/18B+)、温度(仅限17B+)和LED测试(仅限18B+)测量的输入端子

附图5　万用表接线端按键图示及说明

2. 显示屏

万用表显示屏按键及说明见附图6。

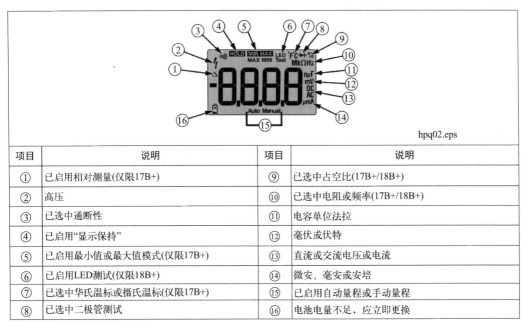

hpq02.eps

项目	说明	项目	说明
①	已启用相对测量(仅限17B+)	⑨	已选中占空比(17B+/18B+)
②	高压	⑩	已选中电阻或频率(17B+/18B+)
③	已选中通断性	⑪	电容单位法拉
④	已启用"显示保持"	⑫	毫伏或伏特
⑤	已启用最小值或最大值模式(仅限17B+)	⑬	直流或交流电压或电流
⑥	已启用LED测试(仅限18B+)	⑭	微安、毫安或安培
⑦	已选中华氏温标或摄氏温标(仅限17B+)	⑮	已启用自动量程或手动量程
⑧	已选中二极管测试	⑯	电池电量不足,应立即更换

附图6　万用表显示屏按键及说明

注意： 为了防止可能发生的电击、火灾或人身伤害，测量电阻、连通性、电容或结式二极管之前请先断开电源并为所有高压电容器放电。

3. 测量交流电压和直流电压

注意： 测量电压时，应将数字万用表与被测电路并联。

（1）将旋转开关转至 [V̰]、[V̄] 或 [m̰V] 选择交流电或直流电。电压按键及说明见附表6。

电压按键及说明   附表6

图标	说明
[V̰]	交流电压挡
[V̄]	直流电压挡
[m̰V]	mV 级别的交流挡或直流挡
[ ]	在 mVac 和 mVdc 电压测量之间进行切换

（2）将红色测试导线连接至 [V] 端子，黑色测试导线连接至 COM 端子。

（3）用探头接触电路上的正确测试点以测量其电压，如附图7所示。

（4）读取显示屏上测出的电压。

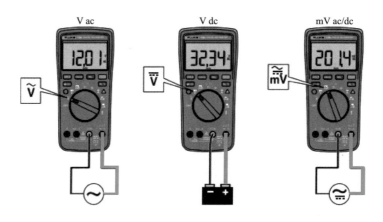

附图7　探头接触电路上的正确测试点示意图

例1： 使用 17B+ 测量 220V 市电，市电测试结果如附图8所示。

屏幕左上角有显著的⚡符号，同时表上相应的红灯亮起，提醒操作者注意安全，小心电击伤人。

我们的万用表笔尖有近 20mm 的裸露部分，在进行必要的带电测量时，一定要注意笔尖不能短接，身体部分不要触摸笔尖，以避免人身伤害。即使是已经断电，也要小心大容量电容残留的电荷，例如开关电源的高压侧滤波电容。

三孔插座（附图9），左零线（N）右火线（L）上地线（G）；火线与零线之间约220V；火线与地线之间约220V；零线与地线之间一般约5V。

例2： 交直流挡 mV 的实际应用举例（附图10）。

附图 8　市电测量结果　　　　　附图 9　三孔插座　　　　　附图 10　测量结果

　　500 测序仪的温控电路的 PT100 回路，在室温条件下，PT100 探头两端的电压应为
10.7mV 左右。

　　PT100 的特性，在 0℃ 时的典型阻值为 100Ω，25℃ 时约为 107Ω，我们 500 测序仪的温控电路采用的是 100uA 恒流源给 PT100 供电，在 25℃ 室温时压降约为 100uA×107Ω＝10.7mV。

　　大家在处理温控故障时，可以在温控 ADC 板上简单地测一下 PT100 的端电压。如果偏离太大，一般少数为 PT100 故障，多数为 ADC 板的恒流源芯片电路故障。

　　4. 测量交流或直流电流

　　(1) 根据要测量的电流将红色测试导线连接至 A 或 mA/μA 端子，并将黑色测试导线连接至 COM 端子，线路连接见附图 11 所示。

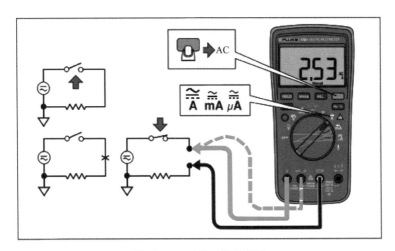

附图 11　线路连接示意图

　　(2) 断开待测的电路路径。然后将测试导线串联至该电路中。

　　(3) 阅读显示屏上的测出电流。

5. 测量电阻

（1）将旋转开关转至 ![icon] 。确保已切断待测电路的电源。

（2）将红色测试导线连接至 ![icon] 端子，并将黑色测试导线连接至 COM 端子，如附图 12 所示。

（3）将探针接触想要的电路测试点，测量电阻。

（4）阅读显示屏上的测出电阻。

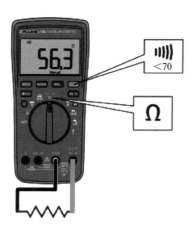

附图 12   电线连接示意图

6. 通断性测试

选择电阻模式后，按一次 ![icon] 以激活通断性蜂鸣器。如果电阻低于 70Ω，蜂鸣器将持续响起，表明出现短路。

7. 测试二极管

测试二极管的步骤如下：

（1）将旋转开关转至 ![icon] 。

（2）按两次 ![icon] 以激活二极管测试。

（3）将红色测试导线连接至 ![icon] 端子，黑色测试导线连接至 COM 端子。

（4）将红色探针接到待测的二极管的阳极，而黑色探针接到阴极。

（5）读取显示屏上的正向偏压。

（6）如果测试导线极性与二极管极性相反，则显示读数无穷大。这可以用来区分二极管的阳极和阴极。

8. 测量电容

（1）将旋转开关转至 ![icon] 。

（2）将红色测试导线连接至 ![icon] 端子，黑色测试导线连接至 COM 端子。

（3）将探针接触电容器引脚。

（4）读数稳定后（最多 18 秒后），读取显示屏所显示的电容值。

9. 测量温度

（1）将旋转开关转至 ![icon] 。

（2）将热电偶插入到该产品的▨和 COM 端子中。确保将热电偶标记有"＋"的插头插入到该产品上的▨端子中。

（3）读取显示屏上的电压。

（4）按▭可以在℃和℉之间切换。

（五）数字式温度计

华大智造的测序仪使用的温度计为 FLUKE 52 Ⅱ。

1. 显示和功能按键介绍

显示和功能按键说明见附图 13。

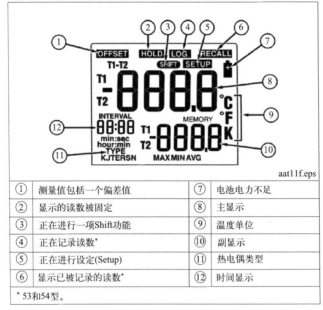

①	测量值包括一个偏差值	⑦	电池电力不足
②	显示的读数被固定	⑧	主显示
③	正在进行一项Shift功能	⑨	温度单位
④	正在记录读数*	⑩	副显示
⑤	正在进行设定(Setup)	⑪	热电偶类型
⑥	显示已被记录的读数*	⑫	时间显示

* 53和54型。

⏻	打开/关闭温度计
⬭ (Shift 功能)	⬭, MIN/MAX =停止显示最小、最大及平均值。 ⬭, LOGGING =删除储器内已经记录的读数。 ⬭, RECALL =打开/关闭(红外) IR接口
☀	打开/关闭背景灯
MIN/MAX	逐步查看最大、最小和平均值
℃℉K	选择摄氏(℃)、华氏(℉) 或开尔文(K)等温度单位
HOLD	固定显示屏幕上的读数，再按解除该功能
T1 T1/T2	选择显示T1, T2，或T1-T2(52和54型)
SETUP	开始或退出设定(Setup)
△	把屏幕的显示卷动到您要更改的设定选项，或者增加所显示的设定值
▽	把屏幕的显示卷动到您要更改的设定选项，或者减少所显示的设定值
ENTER	接受一项设定的选项，或者储存所显示的设定值

附图 13　显示和功能按键说明

2. 改变 Setup 选项

Setup 改变步骤如下：

（1）按 Setup 启动或退出 Setup。

（2）按 K 或 N 把屏幕的显示卷动到要更改的设定选项。

（3）按 E 表示要更改这项设定。

（4）按 K 或 N 直到要选择的选项出现在屏幕上。

（5）按 E 把新的设定储存在储存器里。

（六）激光功率计

PM16-130 小型 USB 功率计（附图 14）带有薄型硅光电二极管探头，设计用于在空间和可操作性受限的地方测量光功率。厚度 5mm 的探头端可放入紧密放置的光学元件和笼式系统之间，以及其他标准光功率计无法放置之处。可追踪至 NIST 的已校准探头具有 ϕ9.5mm 大孔径，还集成一个可滑动中性密度滤光片，能够以一个紧凑的装置测量两个功率范围。

该功率计具有两个挡位，分别是 5mW 挡和 500mW 挡，通过一个可滑动中性密度滤光片来实现测量挡位的调节。

光电二极管的工作原理

附图 14　PM16-130 小型 USB 功率计

光电二极管（PD）实际上就是半导体 p-n 结。当能量足够的光子入射到 p-n 结上时，会激发电子，从而产生电流。光电二极管可以在光伏模式或光导模式下工作。在光伏模式下，光电二极管的阳极和阴极与负载相连，从而提供电流；在光导模式下，光电二极管两端被反向施加偏压，反向电流的大小取决于入射光功率。反向偏压会显著减少光电二极管对入射光子的响应时间。

功率测量应用中，光电二极管探头常在光伏模式下工作。在这种情况下，它的阳极和阴极与跨阻放大器的输入端相连，放大器可将光电流转化为电压。光电二极管可以提供的最大光电流大概是几毫安。

如需将可以测量的最大光功率扩大到几十毫瓦，可以在光电二极管前放置衰减片。通常情况下是使用中性密度（ND）滤光片。与响应度类似，ND 滤光片的光密度也与波长相关。随着使用时间变长，光电二极管的响应度会由于老化而发生改变。

光电二极管的使用

1. 在使用前，首先需要在个人电脑中安装对应的 Thorlabs. Optical Power Monitor 软件。在软件中设置要测量的激光波长等信息后，再进行测量。

2. 将功率计的 USB 接口插到个人电脑上，然后打开 Optical Power Monitor 软件，软件将会自动识别该硬件设备，如附图 15 所示。

3. 因为只需要测量激光功率，将波长修改为测量光的波长即可，波长修改界面如附图 16 所示。

4. 将挡位调到 500mW 挡后，把探头端放置到物镜端下方 5mm 处。

要准确测量激光功率，需要排除自然光的干扰。点击软件中的 Zero Adjust 将度数归零。后续打开激光，显示区的读数即为测得的真实功率。

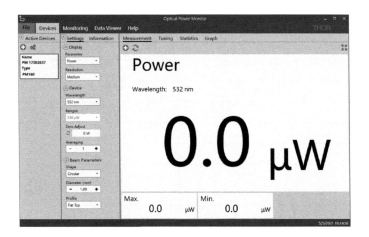

附图 15　Optical Power Monitor 软件界面

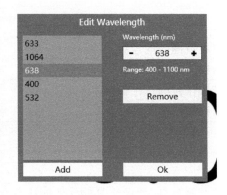

附图 16　波长修改界面

四、MGISP-100PM 报告

型号：
_____
序列号：
_____
客户名称：
_____
地址：
_____
开始日期：
_____
结束日期：
_____

4.1　备件更换　　　　　　　　　　　　　　　Yes：☐　No：☐

No.	项目
4.1.1	更换 FFU
4.1.2	更换紫外灯管

4.2　清洁仪器　　　　　　　　　　　　　　　Yes：☐　No：☐

No.	项目
4.2.1	清空垃圾桶内的垃圾
4.2.2	清洁仪器的内外表面
4.2.3	清洁操作台的每个板位
4.2.4	清洁移液器适配器

4.3　涂抹润滑脂　　　　　　　　　　　　　　Yes：☐　No：☐

No.	项目
4.3.1	清洁 P 轴丝杆,然后给 P 轴导轨涂抹润滑脂
4.3.2	清洁 Z 轴丝杆,然后给 Z 轴导轨涂抹润滑脂

4.4　外部接口检查　　　　　　　　　　　　　Yes：☐　No：☐

No.	项目
4.4.1	电源接口
4.4.2	网络接口
4.4.3	多串口线接口
4.4.4	软件是否能正常初始化

4.5　IO 板维护　　　　　　　　　　　　　　Yes：☐　No：☐

No.	项目
4.5.1	确保 FFU 能正常工作
4.5.2	确保门锁能正常工作
4.5.3	确保照明灯能正常工作
4.5.4	确保蜂鸣器能正常工作

4.5.5	确保紫外灯能正常工作
4.5.6	确保 LED 灯带能正常工作

4.6 温度模块　　　　　　　　　　　　　　Yes：☐　　No：☐

No.	项目	要求	记录	校准后
4.6.1	4℃	±1℃		
4.6.2	25℃	±1℃		
4.6.3	55℃	±1℃		
4.6.4	65℃	±1℃		

4.7 PCR 检查（可选）　　　　　　　　　Yes：☐　　No：☐

No.	项目
4.7.1	ODTC 检测工具的报告中所有温度均为"PASSED"

4.8 位置学习　　　　　　　　　　　　　　Yes：☐　　No：☐

No.	项目
3.8.1	检查 Pos1-10 的 XYZ 坐标
3.8.2	检查 M 轴位置

4.9 气密性测试　　　　　　　　　　　　　Yes：☐　　No：☐

No.	项目
4.9.1	更换磨损的适配器
4.9.2	气密性测试-Milli-Q-不挂液

4.10 水残留测试　　　　　　　　　　　　Yes：☐　　No：☐

No.	项目	
4.10.1	水残留测试 Pos1-1	每个孔残留体积＜2ul
4.10.2	水残留测试 Pos1-2	每个孔残留体积＜2ul
4.10.3	水残留测试 Pos1-3	每个孔残留体积＜2ul
4.10.4	水残留测试 Pos3	每个孔残留体积＜2ul
4.10.5	水残留测试 Pos5-1	每个孔残留体积＜2ul
4.10.6	水残留测试 Pos5-A	每个孔残留体积＜2ul
4.10.7	水残留测试 Pos5-B	每个孔残留体积＜2ul
4.10.8	水残留测试 Pos5-C	每个孔残留体积＜2ul
4.10.9	水残留测试 Pos5-D	每个孔残留体积＜2ul
4.10.10	水残留测试 Pos5-E	每个孔残留体积＜2ul
4.10.11	水残留测试 Pos5-4	每个孔残留体积＜2ul
4.10.12	水残留测试 Pos6	每个孔残留体积＜2ul
4.10.13	水残留测试 Pos10	每个孔残留体积＜2ul

五、知识点数字资源

章节	资源名称	资源类型	资源二维码
第二章	核酸提取原理	视频	
	DNA 片段化	视频	
	DNA 片段筛选及末端修复	视频	
第三章	MGISP-100 整机介绍	视频	
	MGISP-100 电控系统	视频	
	MGISP-100 软件介绍	视频	
第四章	MGISP-100 安装指南	视频	
	MGISP-100 调试指南	视频	
	MGISP-100 安装调试讲解	视频	

章节	资源名称	资源类型	资源二维码
第五章	MGISP-100 安装调试工具介绍	视频	
	MGISP-100 安装操作	视频	
	MGISP-100 接线操作	视频	
	MGISP-100 POS2 位置调节	视频	
	MGISP-100 POS1 位置调节	视频	
	MGISP-100 POS3 位置调节	视频	
	MGISP-100 POS4 位置调节	视频	
	MGISP-100 POS5 位置调节	视频	
	MGISP-100 POS6 位置调节	视频	

章节	资源名称	资源类型	资源二维码
第五章	MGISP-100 POS7 位置调节	视频	
	MGISP-100 POS8 位置调节	视频	
	MGISP-100 POS9 位置调节	视频	
	MGISP-100 POS10 位置调节	视频	
	磁力架位置调整	视频	
	IO 板测试	视频	
	PCR 测试	视频	
	温控模块测试	视频	
	移液器气密性测试	视频	

参考文献

[1]　袁维义，陈锐 . 电机与电气控制技术［M］. 北京：北京理工大学出版社，2013.

[2]　王承义 . 机械手及其应用［M］. 重庆：机械工业出版社，1981.

[3]　辛海燕 . 自动控制理论［M］. 南京：东南大学出版社，2018.